流域景观格局与生态系统服务时空变化
——以甘肃白龙江流域为例

巩 杰 谢余初 等 著

本书研究主要受到下列项目共同资助：

（1）国家自然科学基金面上项目：甘肃白龙江流域景观格局与生态系统服务功能时空变化研究（41271199）

（2）国家自然科学基金面上项目：面向社会–生态脆弱性适应的易灾型流域生态系统服务权衡与管控研究（41771196）

科学出版社

北 京

内 容 简 介

人类活动导致的地表景观格局变化及其生态系统服务效应研究是国际生态学和土地变化科学关注的热点和重点。本书以景观高度破碎、人类活动强烈与灾害频发的生态过渡带——甘肃白龙江流域为例，基于遥感影像、社会经济资料、野外调查、景观生态学方法、InVEST 模型和地学空间分析技术等，开展了流域景观格局与生态系统服务时空变化研究，探讨了流域景观破碎化与生态系统服务的相关关系，进行了流域生态系统服务权衡与协同分析及未来情景模拟，开展了流域生态功能分区，并提出了流域人类活动、土地利用与生态系统管理的对策和建议。

本书可供从事景观生态学、综合自然地理学、生态系统服务、流域生态学、资源与环境领域的科研人员与管理者参考，也可作为高等院校与研究所相关专业的研究生阅读与参考。

审图号：甘 S(2018)011 号

图书在版编目(CIP)数据

流域景观格局与生态系统服务时空变化：以甘肃白龙江流域为例／巩杰等著．—北京：科学出版社，2018.9
ISBN 978-7-03-058730-5

Ⅰ.①流… Ⅱ.①巩… Ⅲ.①景观学–生态学–研究–甘肃 Ⅳ.①Q149

中国版本图书馆 CIP 数据核字（2018）第 206814 号

责任编辑：李轶冰／责任校对：彭 涛
责任印制：张 伟／封面设计：无极书装

科学出版社 出版
北京东黄城根北街 16 号
邮政编码：100717
http://www.sciencep.com

北京虎彩文化传播有限公司 印刷
科学出版社发行 各地新华书店经销
*
2018 年 9 月第 一 版　开本：787×1092　1/16
2018 年 9 月第一次印刷　印张：11 1/2
字数：273 000

定价：128.00 元
（如有印装质量问题，我社负责调换）

前　言

随着人类活动强度急剧增强，影响范围迅速扩展，地球表层环境及生态系统的格局和过程等已经和正在经受着人类活动和生产行为的影响，主要表现在地表景观格局变化、土地利用/覆被变化和生态系统格局与过程变化等方面，这些变化已成为科学家和管理者关注的核心内容。

千年生态系统评估结果表明，全球60%～70%的生态服务在过去的50年（相对于2000年）是退化或衰减的，预计相当一部分生态服务将在未来50年内进一步退化或衰减。过去的半个多世纪，中国的生态服务变化趋势也是总体退化或衰减的，未来50年内的发展也不甚乐观。为了确保人类生产生活和区域可持续发展，具有重要生态系统服务功能的区域和生态系统类型应该得到保护和管理，以便保障其在未来能进一步提供生态服务。现阶段，一方面生态系统退化对人类福祉和经济发展造成的冲击日益加剧，另一方面，为了消除贫困和实现可持续发展，人类必须尽可能合理地管理生态系统，这为人类提供了难得的机遇。因此，对于正在减退的生态系统服务功能，应该采取何种措施和途径，才能在典型中小流域尺度（更具可操作性）上进行积极有效的维系和保护，是当前人们开展生态系统服务研究和保护面临的难题和挑战，急需开展研究和实践。

人类与生态系统之间存在着一种动态的相互作用：一方面，人类活动及变化状况直接或间接影响着生态系统的变化，另一方面，生态系统的变化又引起人类福祉的变化。同时，许多自然驱动力（如气候变化、地震、暴雨及其诱发的滑坡、泥石流）也正在影响着人类活动和生态系统格局及其变化。区域景观格局及其变化（土地利用/覆被变化）势必引起区域生态功能和生态服务发生变化。千年生态系统评估表明，在过去50年中，土地覆被变化是导致生态系统类型转变和格局变化的重要因素，也是导致生态系统服务变化的直接动力。土地利用/覆被变化是人类活动的载体，也是人类生存和发展的基础，基于土地利用/覆被变化的区域生态系统服务功能研究，更能有效地反映人类活动对自然生态系统所提供的服务功能的干扰力度，具有评价的客观性。同时，土地利用/覆被动态变化可用来实时跟踪生态系统的结构及服务功能，为定量分析中大尺度生态系统服务变化提供了一种有效可行的思路。因此，基于景观格局变化开展生态系统服务研究是可行和具有综合意义的，但这一方面的研究还较少，迫切需要进行深入和系统的研究。

甘肃白龙江流域地处黄土高原、秦巴山地向青藏高原过渡的生态脆弱带，是长江上游的主要水源区和生态屏障，极具典型性和代表性。受人类活动和灾害扰动的影响，流域景观和土地覆盖已经和正在发生巨大的变化，是开展人类活动和生态系统服务功能研究的天然实验室。例如，2008年汶川大地震致使原本地质灾害频发、水土流失严重区域的生态系统更为脆弱，导致生态重灾区中1.93%的陆地表面受到破坏，也导致地表物理性基质和土壤失去原有功能，适宜生境面积减少，生境支撑能力下降。另外，地震对该区域生态系统产生极大影响，崩塌、滑坡及其产生的泥石流、河道堵塞对该区域的水资源安全产生严重影响，水源涵养能力降低，对区域生态安全屏障产生影响，并危及当地居民的生命和财物安全。2010年8月7日舟曲发生强降雨引起特大泥石流灾害，当地两万多人受灾，1400多人遇难，1800多人受伤，还引起灾区地表覆被的剧烈变化。致灾原因主要为特殊的地质地貌环境、强降雨事件、区域生态破坏和不合理生产活动等。因此，以甘肃白龙江流域为研究区，开展流域景观与生态系统服务变化研究，不仅具有重要的理论与实践应用价值，而且对类似流域管理和研究具有重要的示范作用。

基于上述认识，兰州大学土地利用与景观生态学研究团队从2010年就开始持续关注、跟踪研究甘肃白龙江流域景观变化与生态评价。在此期间得到了国家自然科学基金委员会、科学技术部、兰州大学"中央高校基本科研业务费专项资金"等项目的资助。这些项目主要有：国家自然科学基金项目"甘肃白龙江流域景观格局与生态系统服务功能时空变化研究"（41271199，2013~2016年）、"面向社会-生态脆弱性适应的易灾型流域生态系统服务权衡与管控研究"（41771196，2018~2021年），兰州大学中央高校基本科研业务费项目"陇南山区地质灾害-地表覆被变化-景观稳定性及其耦合关系"（LZUJBKY-2014-117，2009~2011年）等。上述项目的资助，极大地推进了甘肃白龙江流域景观格局与生态系统服务时空变化的相关研究进程。现今，奉献给读者的拙作——《流域景观格局与生态系统服务时空变化——以甘肃白龙江流域为例》，便是上述项目研究成果认真总结、提炼而成。

本书简要介绍了流域景观格局时空变化及其驱动因素、环境效应、生态系统服务分类、生态系统服务评估与制图、生态系统服务权衡与协同、生态系统管理等进展，及未来展望；开展了甘肃白龙江流域景观格局和生态系统服务时空变化分析，探讨了流域景观破碎化与生态系统服务的相关关系；开展了流域生态系统服务权衡与协同分析及未来情景模拟；开展流域生态功能分区，提出了流域人类活动、土地利用与生态系统管理的对策和建议。本书发展了流域生态系统服务功能评估方法，可为流域生态系统服务功能维系和景观管理提供科学依据，具有重要的实践应用和示范价值。

各章内容及完成者如下。第一章，流域景观格局与生态系统服务研究概述：巩杰、张金茜、谢余初；第二章，甘肃白龙江流域简况：谢余初、李红瑛；第三章，数据来源与主要研究方法：谢余初、巩杰、马学成；第四章，流域景观格局时空变化研究：张金茜、巩杰；第五章，流域生态系统服务时空变化及其权衡与协同分析：张玲玲、谢余初、钱彩云、曹二佳；第六章，流域景观破碎化与生态系统服务相关关系：巩杰、张金茜；第七章，流域人类活动与生态系统服务权衡及管理：巩杰、张玲玲、柳冬青、李红瑛；第八章，结论与展望：巩杰。全书由各位作者分头编写，巩杰统稿。

本书凝结了众多人的智慧和辛劳。在本书的撰写过程中，作者指导的博士研究生谢余初、硕士研究生张玲玲、齐姗姗、赵彩霞、高彦净、张金茜、钱彩云、张影、柳冬青、曹二佳、马学成、李红瑛等做了大量工作，部分内容是在他们的学位论文基础上加工、修订而成。在此，对上述研究生所做的贡献表示衷心的感谢！此外，本书的部分阶段性成果已在国内外刊物上先行发表。

最应该感谢的是我的硕士生导师黄高宝教授和博士生导师陈利顶研究员、傅伯杰研究员，是他们将我带入生态学这片广阔而深邃的天地，使我痴迷于生态学，并教诲我不断探索和不懈努力，直面生态学科的复杂性和挑战。此外，特别感谢斯坦福大学 Gretchen Daily 教授及其 Natural Capital Project 研究团队，诚挚感谢 Daily 教授接收我为访问学者，并在生态系统服务与决策管理、InVEST 模型应用等方面的研究提供诸多帮助和建议。感谢密歇根州立大学刘建国教授在人与自然耦合系统研究方面的指点和建议。感谢生态学科研路上一同前行的好友郑华、杨武、吕一河、张立伟、苏常红、刘世梁、赵文武等的热情帮助和指点。还要感谢兰州大学的同事们给予的诸多建议和无私帮助，如陈发虎教授、孟兴民教授、马金辉副教授等，篇幅有限，恕不一一致谢。

本书是从流域视角开展景观格局与生态系统服务研究的一次尝试。在编写过程中，引用了国内外学者的一些研究成果，在书中已做标注。对于这些学者的杰出工作，致以崇高的敬意。由于水平有限，加之部分研究内容具有很强的探索性，故难免有不妥和谬误，祈望读者不吝珠玉，赐教指点，以便我们不断学习和进步。

在此，我们对本书研究工作给予大力支持的国家自然科学基金委员会地球科学部、陇南市人民政府、甘州藏族自治州人民政府、甘肃省气象局、甘肃省农业节水与土壤肥料管理总站等表示衷心感谢。

巩 杰
2018 年 6 月 6 日
于兰州大学观云楼

目 录

前言

第1章 流域景观格局与生态系统服务研究概述 ········· 001
1.1 流域景观格局研究概述 ········· 001
1.2 流域生态系统服务概述 ········· 010
1.3 甘肃白龙江流域景观格局与生态系统服务研究的重要性 ········· 026
参考文献 ········· 031

第2章 甘肃白龙江流域简况 ········· 045
2.1 研究区的地理环境概要 ········· 045
2.2 流域社会经济概况 ········· 051
参考文献 ········· 053

第3章 数据来源与主要研究方法 ········· 055
3.1 数据获取与处理 ········· 055
3.2 主要研究方法简介 ········· 060
参考文献 ········· 066

第4章 流域景观格局时空变化研究 ········· 069
4.1 甘肃白龙江流域景观类型时空变化 ········· 069
4.2 甘肃白龙江流域景观破碎化与驱动因子分析——基于地理探测器 ········· 075
4.3 基于GeoDa的甘肃白龙江流域景观破碎化空间关联性分析 ········· 087
参考文献 ········· 093

第5章 流域生态系统服务时空变化及其权衡与协同分析 ········· 097
5.1 甘肃白龙江流域生态系统食物生产服务 ········· 098
5.2 流域生态系统土壤保持服务 ········· 107
5.3 流域生态系统碳储存服务 ········· 112

5.4 流域生态系统产水服务 …………………………………………………… 122
5.5 流域生态系统服务变化 …………………………………………………… 129
5.6 典型生态系统服务类型间的权衡与协同 ………………………………… 133
参考文献 ………………………………………………………………………… 136

第 6 章 流域景观破碎化与生态系统服务相关关系 …………………………… 143
6.1 数据来源与研究方法 ……………………………………………………… 143
6.2 景观破碎化与各项生态系统服务的全局空间自相关 …………………… 144
6.3 流域景观破碎化与土壤保持服务的相关关系 …………………………… 146
参考文献 ………………………………………………………………………… 152

第 7 章 流域人类活动与生态系统服务权衡及管理 …………………………… 154
7.1 生态系统服务功能分区 …………………………………………………… 154
7.2 流域生态系统服务的时间权衡与模拟分析 ……………………………… 160
参考文献 ………………………………………………………………………… 168

第 8 章 结论与展望 ……………………………………………………………… 170
8.1 基本结论 …………………………………………………………………… 170
8.2 展望 ………………………………………………………………………… 174

第1章 流域景观格局与生态系统服务研究概述

1.1 流域景观格局研究概述

1.1.1 景观格局与流域的概念及内涵

在人类活动和自然过程的影响下,地球表层环境及景观系统正在发生变化,主要表现为地表景观、土地利用/土地覆被变化和生态系统格局与过程的变化等(Turner et al., 2007; IPCC, 2007; GLP, 2005; Foley et al., 2005),这些变化已成为科学和社会关注的核心内容。

景观生态学是一门多学科交叉的新兴学科,它的主体是地理学与生态学之间的交叉。景观生态学以整个景观为对象,通过物种流、物质流、能量流与信息流在异质空间的传输和交换,通过非生物、生物、人类之间的相互作用与转化,运用生态系统原理、系统方法、格局—过程—尺度相互关系的原理、复杂性科学理论与方法、空间分析方法、景观模型等,研究景观的格局、过程、动态变化及其机制,实现景观可持续发展的最终目的(肖笃宁和李秀珍,1997;邬建国,2007;傅伯杰等,2011;张娜,2014;Wiens and Moss, 2005; Forman, 1995; Wu, 2013)。可见,景观生态学是研究景观及其空间格局、过程及其与人类社会的相互作用,并为结构与格局优化、合理利用和保护服务提供理论支撑的(傅伯杰等,2011)。

景观空间格局与生态过程是景观生态学研究的重要内容。景观是由不同生态系统组成的地表综合体(Haber, 2004),实质上,这些生态系统经常表现为不同的土地利用或土地覆被类型。因此,景观格局主要是指构成景观的生态系统或土地利用/覆被类型的形状、比例和空间配置(傅伯杰等,2003,2011),是各种复杂的物理、生物和社会因子相互作用的结果(章家恩和徐琪,1997)。景观格局深深地影响并决定着各种生态过程,也直接影响到景观内物种的丰度、分布及种群的生存能力及抗干扰能力（肖笃宁和李秀珍，2003）。因此，景观格局研究是探讨景观格局和生态过程相互关系的基础（Forman and Godron，1986），格局既决定生态过程又影响和控制景观功能的循环与发展，一定的景观格局有着相应的景观功能（Milne et al.，1989）。景观格局演变的综合性、复杂性以及不确定性使得景观格局研究一直是景观生态学家关注的焦点，也是景观生态学的研究热点与难点之一。

流域是地球表层相对独立的自然地理系统单元，以水系为纽带，将系统内各自然地理要素连接成一个不可分割的整体。例如，流域中的水、泥沙和其他物理化学物质都在流域内进行着物质、能量和信息的循环。流域科学则是以流域为研究对象，在揭示流域生态水文过程的客观规律基础上，运用现代管理科学理论和方法，优化配置和高效利用流域资源，在满足人类福祉对流域多种生态系统服务需求的同时，促进流域社会生态系统的协同发展（贺缠生，2012；程国栋和李新，2015）。流域科学是流域尺度上的地球系统科学，相对整个地球而言，流域尺度适中、相对可控，且空间复杂性和异质性更为突出（程国栋和李新，2015）。因此，基于流域"水-土-气-生-人"的整体认知，以人为本，从人类需求-生态响应-人与自然共同体的可持续理念研究流域科学，有利于实现流域的科学管理。

从地理和景观单元上讲，流域是一个完整的地理生态单元。流域既是面临着生态、经济和社会发展难以解决的复杂问题的热点区域，也是地球系统科学的主要研究对象。人类的经济开发活动主要是在景观层次进行的，而流域过程是景观形成的主要驱动力。从这个意义上来讲，所有的生态环境问题和社会问题都落入某一流域，都与流域资源破坏或不合理管理有关。因此，从流域的角度来解决环境问题并实现社会的可持续发展是一条更有效地应用系统综合的途径（魏晓华和孙阁，2009）。流域景观格局演变将直接影响流域的发展与生态安全，因此，建立生态可持续的流域景观格局是流域综合治理的发展方向。国内开展研究较多的有泾河流域、黑河流域、海河流域、延河流域、东江流域、太湖流域等，这些案例为流域景观格局研究提供了许多值得借鉴的经验。总的来说，国内外有关流域景观格局的研究主要集中在流域景观格局动态变化及其驱动力研究、流域景观格局演变与生态效应的相互关系研究、流域景观格局动态预测、流域景观格局优化与管理、流域景观格局演变的尺度效应研究等方面。

1.1.2　流域景观格局的研究热点

景观格局是指景观的空间格局，包括自然景观形成的空间特征和人类活动形成的景观特征,是景观异质性和不同尺度生态过程共同干扰作用的结果。景观格局分析旨在无序的景观中发现潜在的有意义的秩序或规律。景观格局的定量分析是描述景观格局的基本手段(王计平等,2010)。景观格局指数是高度浓缩景观格局信息,反映其结构组成和空间配置特征的简单定量指标(邬建国,2000;张爱静等,2012),用于描述景观格局及其变化。利用景观格局指数方法,开展不同时空尺度景观格局演变特征的定量化研究,是景观格局变化研究的一个特点(王计平等,2010)。遥感与地理信息系统技术的结合,成为探讨景观格局时空变化及其驱动力模型的有力手段(张秋菊等,2003)。为了得到景观格局和空间动态变化之间的关系,国内外学者开展了大量的相关研究。例如,Turner 等(1989)运用景观格局指数对景观格局进行了定量化研究,取得了较好的效果,并得到广泛应用,开启了景观格局定量化研究的新时代。

景观格局指数的发展还催生了一系列景观格局分析程序,如 Fragstats、Patch Analyst、LEAP II 等。Fragstats 是当前景观格局指数分析的主流软件之一,它包含上百种景观格局指数,能够较为全面地定量化分析景观结构与空间格局,极大地推动了景观格局分析的发展(张爱静等,2012)。目前研究者应用比较多的景观格局指数主要有:①斑块水平,如斑块面积、周长、斑块形状指数及其平均值与标准差;②景观水平,如景观丰富度指数、景观多样性指数、景观优势度指数等(张秋菊等,2003)。一些学者开展了景观格局与生态过程关系研究,如 Schumaker(1996)采用斑块数目、斑块面积、面积周长比、形状指数、斑块周长、最邻近斑块距离、斑块核心面积、蔓延度、分维数等分析了格局与生境分布变化的相互关系;焦胜等(2014)研究了流域内各种景观格局指数对河流水质的影响。总的来说,尽管景观格局指数数量繁多,但大多属于以下几类:信息论类型、面积与周长比类型、简单统计学指标类型、空间相邻或相关类型、分维型等,这些指数之间的相关性较高,部分指数之间存在信息重复(张秋菊等,2003;焦胜,2014)。因此,景观格局分析中,景观格局指数的合理筛选是关键,如何保证所选的景观格局指数的科学性与全面性,还需要进一步的研究(张婷等,2013)。

1.1.2.1 流域景观格局动态变化及其驱动力

景观格局动态变化是景观生态学研究的基本内容,研究景观格局动态变化有助于人们从无序的景观中发现潜在的有序规律,揭示景观格局与生态过程相互作用的机理,进而对景观变化的方向、过程、效应进行模拟、预测和调控(傅伯杰等,

2011；Brogaard and Zhao，2002；Lambin，1997）。

  景观格局分析是探讨景观格局与生态过程作用关系的基础，而景观格局指数作为景观格局分析的常用工具，则是联系景观格局与生态过程关系的桥梁。在3S技术支持下，以景观格局指数为基本手段的生态系统空间格局定量分析方法，能够大大提高生态系统空间格局及其动态评估的深度、广度和精度（李秀珍等，2004；傅伯杰和吕一河，2006；傅伯杰等，2011；Narumalani et al.，2004）。常用的景观格局指数主要有景观单元特征指数（如斑块面积、周长、斑块数等）和景观整体特征指数（如多样性指数、镶嵌度指数、距离指数、景观破碎化指数、景观形状指数等），应用这些指数定量地描述景观格局，可以对不同景观进行比较，研究他们的结构、功能和过程的异同（傅伯杰等，2011；余新晓等，2010；邬建国，2007；Uuemaa et al.，2009；Turner，2003；Li and Wu，2004）。如严登华（2004）基于Fragstats软件分析了1986~2000年东辽河流域景观组成、格局动态变化，结果表明：东辽河流域景观的组成不合理，林地景观所占面积的比例严重偏低；1986~2000年，旱田景观显著增加，工矿、交通和居民地景观略有增加，其他景观均有所下降；从多年平均变化来看，耕地景观的变化最为剧烈。张宏锋等（2009）分析了1976~2005年新疆玛纳斯河流域的景观格局变化，结果表明：1976~2005年，玛纳斯河流域景观变化主要表现为农田、草地、居民地面积的增加，以及森林、湿地、沙漠、冰雪面积的缩减；从景观水平上看，研究区斑块个数、景观形状指数、蔓延度指数均有所增加，香农多样性指数减小；从类型水平上看，该区各景观组分的异质性指数及其变化过程均有较大差异，体现了研究区景观生态系统的复杂性。尽管景观格局指数研究取得了一定的进展，但多年来景观格局分析一直停留在景观格局特征的描述方面，由于未能深入反映研究的生态过程而受到质疑（Chen et al.，2008；Liu et al.，2011）。

  流域景观格局动态变化的驱动力研究对于揭示景观格局变化的原因、动态演变过程、内部机制、未来发展方向预测及管理对策制定等具有重要意义。目前，关于景观格局演变的驱动机制研究较多，尽管驱动机制随着不同研究区域、不同研究时段而不同，但仍具有一定的时空规律。在较大的时空尺度上，地貌环境、气候状况等自然因素和社会经济及人口状况等人文因素对景观格局演变起主导作用，而在中小时空尺度上，土壤、植被、技术革新等因子起主导作用。该研究领域常用分析方法有：典型相关分析、线性回归、多元回归、逐步回归、主成分分析、Logistic回归分析等。例如，毕晓丽等（2005）运用景观格局指数分析法和梯度分析法从景观水平和类型水平上分析了泾河河岸带景观格局的梯度变化及其驱动力，结果表明，泾河自上游而下,景观水平上的景观格局指数有 3 种不同的变化类型(上升、下降、无明显趋势);类型水平上以农田、草地和农草交错类为主,这 3 种类型的景观格局指数表现突出;景观格局的梯度变化受到温度、降水、土壤和人为干扰等影响。赵锐锋等(2013)基于 1975~2010 年长时间序列遥感影像,开展了黑河中游湿地景观的破碎化过程及驱动因子分析,发现自然因子对湿地景观破碎化进程的影响主要体现在气温和降水上,而人类活动对湿地景观破碎化的贡献率明显高于自然因子,人类活动能力的增强以及影响范围的不断扩大是引发黑河中游湿地景观破碎化的主因。孙才志和闫晓露(2014)分析了下辽河平原景观格局演变的驱动机制,结果表明,不同时期内景观类型变化的驱动因子及其影响力存在一定的差异,但总体来讲,在中小尺度下,自然驱动因素相对于人文驱动因素的影响较弱,人口、经济发展、城市化水平、技术等因子对于下辽河平原各景观类型的变化具有较强的驱动作用。

1.1.2.2 流域景观格局及其生态效应

(1) 流域景观格局对河流水量及水质的影响

河流作为景观的重要组分,其生态环境与景观格局关系密切。随着人类活动增强而引起的土地利用/土地覆被变化显著影响着河流水量与水质(满苏尔·沙比提和努尔卡木里·玉素甫,2010;蔡运龙,2010)。景观格局是影响非点源污染负荷的主要因素之一(李明涛等,2013)。因此,土地景观格局与水质之间的关系研究,对流域水环境质量改善和管理具有重要意义。

近年来,景观格局与河流水质之间的关系成为国内外研究的热点(黄金良等,2011)。大量研究表明景观格局与区域水环境之间存在明显的相互作用(岳隽等,2006;夏叡等,2011)。相关研究主要有:一是以景观格局的组成属性为基础,即土地利用类型百分比与河流水质之间的关系(Fisher et al.,2000);二是以景观格局的空间结构为基础,即通过景观格局指数探究不同土地利用类型的空间布局与水质之间的关系(张殷俊等,2009)。在时间尺度上,主要基于多年水质监测数据和景观格局的变化数据分析二者的相关规律;在空间尺度上,主要包括流域、子流域及缓冲区等几种类型。目前,景观格局与水质关系研究常用方法有相关分析、多元回归分析、主成分分析、方差分析及模型分析等(张殷俊等,2009)。但在不同地区,不同景观格局指数和水质指标相关关系的研究仍存在不确定性,需在更广泛的区域针对相应问题开展研究,以期进一步理解二者之间的关系机制。例如,Kearns 等(2005)将一个 2200km^2 的流域划分为 84 个子流域,分析了景观格局指数与水质特征的相关性，结果表明：斑块密度和斑块形状可解释85%的相关性。Amiri 和 Nakane（2009）以21个子流域作为研究对象，选取景观类型面积比例和斑块、类型、流域3个尺度上的空间格局指标，通过多元线性回归分析了它们和水质指标之间的关系，结果表明类型水平上景观格局指数可有效地反映水质变化特征。焦胜等（2014）探讨了沩水流域土地景观格局对河流水质的影响，结果表明：斑块数量、香农多样性指数与电导率、综合污染指数的相关性指数均在0.997以上，呈显著正相关；平均斑块面积、蔓延度指数与电导率、综合污染指数呈显著负相关；最大斑块指数与总磷呈显著负相关；从时间上看，所选用的大部分土地景观格局指标与pH、溶解氧在丰水期与枯水期的相关性状态相反，且枯水期景观格局对河流水质的影响较丰水期更为显著。

除此之外，一些新的研究理念和方法也被用于景观格局与水量水质分析：①"子流域"分析法，即将某一流域分解为足够数量的子流域作为分析样本，对景观指标和水质进行相关性分析。基于"子流域"的景观格局与河流水质关系研究，是近年来非点源污染研究的热点问题，但由于子流域划分的不确定性以及子流域之间景观类型比例的差异性，使得研究结果也具有一定的区域性和不确定性。总体上来说，该方法更加适合于子流域特征明显的流域上游或者受人类干扰相对较小的区域（刘丽娟等，2011）。②"源-汇"理论，即通过"源""汇"景观之间的各种比例关系，定量表达景观-水质之间的格局-过程关系（刘丽娟等，2011）。该方法较好地结合了景观格局和面源污染过程，但是由于计算过程的复杂和相关参数获取的不确定性，在实际应用中还有待进一步完善。

（2）流域景观格局对水土流失的影响

水土流失作为一种生态过程，其产生和运移与土地利用/植被覆盖等地表景观格局密切相关。土壤流失限制景观结构组分的空间布局，制约生态功能的发挥，如引起可利用土地资源减少、土地退化、生产力下降、贫困面加大等一系列生态、经济和社会问题（傅伯杰等，2002）。反之，景观格局变化改变着原有地表植被类型及其覆盖度，地表径流和土壤理化性质（如土壤团聚体稳定性等）也随之变化，从而影响水土流失的发生。可见，景观格局和水土流失过程具有紧密的相互关系，其复杂的相互作用机理也是地球科学研究的热点之一（王朗等，2009）。

以土壤侵蚀产沙及泥沙输移为主要特征的水土流失过程是地表复杂系统水文生态过程中重要的一部分，它与气候、土壤、地形、植被、水文、土地利用与覆被等因素密切相关（Zhen et al.，2007；Ludwig et al.，2005；Chen et al.，2007），其中土地利用与景观空间格局扮演着重要角色（Wei et al.，2007；Bakker et al.，2008；Suo et al.，2008）。在人类活动主导的景观中，土地利用/土地覆被变化是景观格局演变的直接驱动（Wang et al.，2010），也是水土流失时空分异的重要原因（Qiu and Fu，2004）。流域作为一个表征人类水土资源利用和物质迁移的自然空间综合体，是研究土地利用景观格局与水土流失关系的最佳单元。在流域尺度上，土地利用的空间镶嵌特征变化不仅会导致不同土地利用方式在降雨、地形、土壤等因子上的空间分布变化，而且能够改变水文结构和侵蚀系统，引起土地利用对土壤流失拦截能力的降低或提高，进而影响到最终流域产沙量的增加或减少（Slattery and Burt，1997；Takken et al.，1999）。然而，由于缺乏流域等大尺度上土地利用格局与水沙关系的实验数据，目前在探讨土地利用格局与水土流失关系时，多是利用地块或小区尺度上的实验结果来预测大尺度上侵蚀产沙过程。但随着空间尺度的增大，水土流失机制会发生明显改变，其主导格局因子也随之发生变化。深入理解流域及更大尺度上土地利用格局与水土流失相互关系对深化格局-过程关系认识、区域土壤侵蚀防治具有积极意义。

流域水土流失过程对景观格局变化的响应研究是生态过程与景观格局相互作用研究的重要组分。总的来讲，常规的景观格局指数多关注景观格局几何特征的分析和描述，缺乏与相关生态过程的联系（陈利顶等，2008；吕一河等，2007；Gustafson，1998），因此，在流域景观格局与水土流失研究中的桥梁作用非常有限。一些新的指数如景观空间负荷对比指数（Chen et al.，2003）、等高线方向连通度与顺坡连通度（You and Li，2005）、方向性渗透指数（Ludwig et al.，2007）等相继被提出。这些指数给静态景观格局赋予一定过程含义，可以较好地评价景观空间格局与水土流失过程相互关系，但受景观异质性和过程复杂性及其空间变异的影响，这些新的指数在验证及应用推广中仍然面临诸多局限和挑战。因此，针对当前景观格局指数研究现状，如何利用现有景观格局指数，通过设定尺度和分析角度来挖掘其生态学意义对景观格局与生态过程关系的进一步认识尤为重要。

当前，景观格局演变对水土流失过程影响的研究目的是从土地利用过程和方式的角度寻求水土保持的方法，从而降低面源污染和粮食减产等风险。目前，土壤保持与景观格局关系研究多停留在景观格局变化与土壤形成和保护价值间的相关性分析（邹月和周忠学，2017；王云等，2014；王航等，2017），且结果表明城市化和不合理的土地利用方式导致景观的斑块密度、分离度指数增加（王云等，2014）、聚集度降低（王航等，2017），破碎化增强，土壤保持价值相应减少。但这种静态生态系统服务价值分析忽略了生态系统服务功能的空间异质性，且是从数理统计角度探讨价值与景观格局指数间的相关性，既未考虑生态现象的空间关联，也不能显示两者间关系的具体空间格局。因此，基于土壤保持模型评估结果，开展景观格局与土壤保持服务间空间关联性研究亟待推进。

（3）流域景观格局变化对土壤有机碳的影响

全球气候变暖及其影响是当前人类所面临的最为严重的环境问题之一（Lal，2004）。景观格局变化不仅直接影响土壤有机碳的含量和分布，而且通过影响与土壤有机碳形成和转化有关的因子而间接影响土壤有机碳的含量和分布，还可通过改变土壤有机质的分解速率来影响土壤有机碳储量（李正才，2006）。

景观变化中的土地利用/土地覆被变化是影响土壤有机碳的重要因素。不同的土地利用方式下的不同景观不仅可以改变土壤的物理、化学及生物学特性（傅伯杰等，2011），而且还可影响到土壤的环境状况，进而影响相关的生态学过程。国内学者关于土地利用变化对土壤有机碳的影响研究相对较多。例如，解宪丽等（2004）的研究表明，不同景观类型下的土壤有机碳密度存在显著差异。刘纪远等（2004）分析发现，1990~2000年，我国耕地面积增加404.7万hm^2，土地利用方式变化导致表层土壤（0~30cm）与0~100cm土壤有机碳库分别损失53.7Tg和99.5Tg。黄星（2017）研究发现红树林湿地土壤中有机碳含量随红树林面积的减小而减少，红树林面积减小和破碎化弱化了红树林湿地对重金属的吸收和净化能力。王建林等（2009）在研究中揭示了青藏高原高寒草原不同植被—土壤（不同自然地带）内土壤活性有机碳的分布特征。目前的研究多为景观格局演变下土壤有机碳、碳储量的变化，景观格局变化对景观功能参数如土壤养分流动的影响与管理正成为新的研究议题之一（王根绪等，2003；武俊喜等，2010）。

1.1.2.3 流域景观格局优化与管理

景观格局优化是利用景观生态学原理，解决土地合理利用的问题，即调节植被数量与空间分布，实现景观综合价值最大化（边红枫，2016）。流域景观格局优化是在景观生态规划、土地科学和计算机技术的基础上提出来的，同时也是景观生态学研究中的一个难点问题，它是通过调整、优化各种景观类型在空间上和数量上的分布格局，使其产生最大生态效益。Forman（1995）将生态学理论融入空间格局规划，强调格局对过程的控制和影响，改变格局可以实现维持物质流和能量流、景观功能稳定的目标，该格局优化理论是目前土地利用空间格局优化中较为明确的理论依据。

概括来讲，国外景观格局优化主要是在土地适宜性分析和土地利用限制条件分析的基础上，从宏观规划着手，或为特定目标在较小尺度上进行景观格局设计。其中以 Haber 和 Wilson 的研究为主要代表（O'Farrell et al.，2010）。Haber（1990）提出的土地利用分异思路（differentiated land use）是土地利用和景观优化的代表性实践。Forman（1995）强调景观空间格局对过程的控制和影响作用，即通过格局的改变来维持景观功能、物质流和能量流的稳定。国内的景观格局优化研究多集中于生态规划、物种保护等方面（白军红等，2005；张国坤等，2007；黄翀等，2012；Luo et al.，2015；边红枫，2016）。刘杰等（2012）选择滇池流域为研究区域，在遥感和地理信息系统支持下获得流域 2008 年的景观类型图，运用最小耗费距离模型对区域景观格局进行优化，在研究区域建立城市区域廊道、森林生态廊道、农业生产廊道，将源地与各景观类型有机联系起来，有效增强了景观网络连通性；同时在源地和廊道的关键区域构建生态节点，保障了源地和各景观组分生态流的畅通，优化了景观格局，进而解决了流域景观破碎化、生态功能退化等问题。

总的来说，概念模型和数学模型等传统生态过程模拟模型是当前进行景观格局优化的常用方法，景观格局优化研究工作主要是预测多因素影响下的景观格局变化结果。研究者对模拟结果进行效益评估，择优筛选最大效益"半稳定"景观格局。由于对景观组分、类型、斑块及廊道作用过程理解不足，导致目前很多的景观格局优化设计尚缺少强有力的机理性研究支持（边红枫，2016）。

1.1.3 流域景观格局研究的未来趋势

中国景观生态学发展已经走上影响和引领国际生态学发展的前沿舞台（陈利顶等，2014）。在新形势下，如何紧密结合国民经济发展中出现的新问题，开展独创性的研究，是目前亟待解决的问题（陈利顶等，2014）。尽管中国景观生态学发展取得了突出的成绩，但在服务国民经济发展和国土生态安全方面仍然缺乏有效与实用的手段，这正是今后需要努力的方向。

随着景观生态学的不断发展以及人们认识能力的不断提高，景观生态学家已不再满足于单纯的景观格局刻画，逐渐将研究重点转向格局与过程相互作用关系的探讨方面，并希望能够用一系列景观格局指数来表达这种相互关系。但是，目前绝大部分的景观格局指数还是在景观生态学发展初期创立的，大多来自于数理统计和几何特征与空间关系的数学表达，如斑块面积指数、边界形状指数等，指数本身并没有生态学意义。这些指数所能描述的也只是景观现状和总体特征，无法反映具体生态过程与景观格局的相互关系，不能满足更高层次景观格局分析的要求（陈利顶等，2008；吕一河等，2007；Gustafson，1998）。如何建立具有生态学意义的景观格局指数，或者挖掘现有景观格局指数的含义，成为目前景观生态学工作者面临的突出问题之一。由于景观格局指数的数理统计特性，决定了部分景观格局指数只能反映景观格局的数量变化而不能反映其质量变化。如何准确反映格局与过程间的相互作用关系及其动态变化，将二者有机联系起来，是景观格局分析面临的又一难题。

总的来说，基于对景观格局分析困境的认识，景观格局研究的未来趋势主要有（陈利顶等，2008，2014；吕一河等，2007；Gustafson，1998）：①景观格局分析应该从目前的静态格局描述发展到对动态格局的刻画，只有找到刻画动态格局的方法，才能将格局与过程有机地联系在一起；②通过对多种景观格局指数的联合应用，发掘景观格局指数集合体对生态过程的解释能力；③发展基于生态过程的景观格局指数和分析方法；④通过多维景观格局分析，定量研究景观格局演变与生态过程之间的关系；⑤多尺度景观格局分析将为解决格局与过程的关系提出有效手段。

流域作为自然系统中一个具有明显边界线且综合性强的独特地理生态单元，也可以被看作是一个生态系统单元和社会-经济-政治单元，一个可以对自然资源进行综合管理的单元（魏晓华和孙阁，2009）。因此，从流域的角度来解决环境与发展问题是一条更有效地应用系统综合的途径，亟待开展流域生态-社会-经济发展的综合研究，探索区域环境与社会可持续发展的途径与策略。

1.2 流域生态系统服务概述

1.2.1 生态系统服务的概念及分类

1.2.1.1 生态系统服务的概念

生态系统为人类生产生活提供支持和供给的作用很早就被人类所认识和了解（李双成等，2014）。Osborn（1948）在《我们的被洗劫一空的行星》中指出了生态系统对于维持和促进社会经济可持续发展的作用和意义。Vogt（1948）在《增长的极限》中首先提出了"自然资本"这个概念，并意识到人类过度的生产活动对生态系统服务功能造成威胁。20世纪40年代以后，生态系统概念和理论不断发展与完善，人们对生态系统结构与功能的认识也越来越深入，为生态系统服务研究奠定了科学基础。20世纪70年代以来，生态系统服务的概念、科学表达及其内容逐渐得到系统的定量研究。SCEP（1970）在 *Man's Impact on Global Environment* 中首次提出了生态系统服务，并列举了自然生态系统为人类的"环境服务"，包括气候调节、害虫控制、传粉、水土保持、洪灾防治和物质循环等方面。Holdren 和 Ehrlich（1974）指出了生物多样性的丧失对生态系统服务的影响，提出"全球生态系统公共服务"（Ehrlich et al.，1977）。Ehrlich P R 和 Ehrlich A H（1981）将生态系统对人类社会的影响和效能确定为"生态系统服务"（ecosystem services）。此后，这一科学术语逐渐得到学术界和公众的认可，并被广泛使用。

随后，人们对生态系统服务的认知与研究不断扩展与完善。Daily 于 1997 年在 *Nature's Service：Societal Dependence on Natural Ecosystem* 中系统地阐述了生态系统服务的研究历程、概念、不同类型生态系统的服务功能及其价值的评估内容与方法等，并将生态系统服务定义为：生态系统与生态过程所形成及所维持的人类赖以生存的自然环境条件与效用过程，同时强调了生物物种的生态系统性和生态系统过程的广泛性，即生态系统服务是通过生态系统自身状态和过程共同产生的生态系统作为主体提供服务，而人类作为受体，享受生态系统服务是自然生态系统对人类社会的支持（Daily，1997；Daily et al.，2000）。Costanza 等（1997）定义生态系统服务为：人类直接或者间接从生态系统或自然环境中获得的所有收益，包括供给功能、调节功能、文化功能、支持功能等。Millennium Ecosystem Assessment（2005）将生态系统服务功能定义为"人们从自然系统（或生态系统）获取的收益"，并提出生态系统服务与人类福祉关系的研究将成为现阶段生态学研究的核心内容。2006 年英国科学家与政府决策部门把生态系统服务研究列为与政策制定相关的 100 个生态学问题之首（Sutherland et al.，2006）。生物多样性和生态系统服务政府间科学–政策平台（Intergovernmental Science-Policy Platform on Biodiversity and Ecosystem Services，IPBES）更加注重全球生物多样性保护和生态系统服务（IPBES，2015）。由此可见，生态系统服务已成为当前国际上生态学研究的前沿和热点领域之一，涌现出了大量文章和研究报告（图 1-1）。

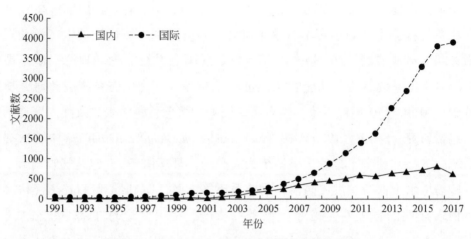

图 1-1　1991～2017 年生态系统服务领域发文数

注：英文文章以 "ecosystem service" 为关键词在 Web of Sciences 的 SCI-E（Science Citation Index Expanded）数据库中检索，中文文章以 "生态系统服务" 为关键词在 CNKI 中检索。

1.2.1.2　生态系统服务分类

由于生态系统服务、产品与生态系统的结构、功能和过程之间的复杂关系以及不确定性，生态系统服务分类标准和方案备受人们关注。Daily（1997）提出生态系统服务概念，并列举了其功能类别，但所提出的服务清单仍不够完全。Costanza 等（1997）、Costanza（1999）将生态系统服务划分为 17 种不同类别，包括气候调节、气体调节（如 CO_2/O_2 平衡）、水供给、水调节、干扰调节（如洪水控制、干旱恢复）、侵蚀控制和沉淀物保持、养分循环、土壤形成与发育、废物处理、生物控制、庇护所（如栖息地、育雏地等）、食物生产、授粉、原材料（木材、燃料和饲料的生产）、基因资源（医药、材料科学、抵抗病因和害虫的基因）、文化、休闲娱乐。但该套方案侧重于价值评估，未考虑各服务之间的内在联系及服务从生态系统到人类价值链的形成过程（吕一河等，2013；李双成，2014）。De Groot 等（2002）认为生态系统的服务与产品均是人类收益，并将生态系统功能划分为 4 大类别——生境提供、调节、生产和信息传递，共 23 个子功能，每个功能对应着相应的生态过程和生态系统服务。谢高地等（2001，2003）根据我国陆地生态系统的特征，将生态系统服务分为气体调节、生物多样性保护、水源涵养、土壤形成与保护、废物处理、食物生产、气候调节、娱乐文化、原材料 9 种类型。

为了使得人类福祉和生态系统提供的服务之间的联系能够变得更加清晰

（Wallace，2007），Millennium Ecosystem Assessment（2005）将生态系统服务分为四类（图1-2），即供给功能（如食物、淡水、洁净水、燃料、木材与纤维、生物化学物质、基因资源）、调节功能（如调节气候、净化水质、调节水分、调控疾病等）、支持功能（如养分循环、土壤形成、初级生产等）和文化功能（如美学、精神与宗教、励志与教育、娱乐与旅游、文化传承以及其他非物质方面的效益等），这是目前最为广泛接受和使用的方案之一。然而，该方案还是存在一些问题，如将服务的"终点"和"过程"混淆在一起，即没有区分生态系统过程（中间服务）和生态系统服务（最终服务）（Boyd and Banzhaf，2007；Wallace，2007），且存在重复计算现象（Fu et al.，2011）和难以应用于实践（如景观设计与管理）（De Groot et al.，2010；李琰等，2013）。为此，Boyd和Banzhaf（2007）、Boyd和krupnick（2009）为生态系统服务功能设计了一个可以数量化的系统框架，引入最终生态系统服务概念，强调生态系统服务是生态系统中能够直接被消费的生态组分。Wallace（2007）则注重景观管理和生态系统过程中是如何传递生态系统服务功能的，并提出了服务分类应与管理目标相对应的分类框架。Fisher等（2009）认为生态系统中产生人类福祉的那部分功能即为生态系统服务，可分为中间服务、现实收益和终点服务。张彪等（2010）参照人类需求（安全、物质和精神需求）理论，将生态系统服务归纳为安全保障、供给、文化三大类。欧洲环境署（European Environment Agency，EEA）从人类福祉的角度出发，提出了一个满足人类福祉的国际生态系统服务分类方案（common international classification of ecosystem services，CICES），并将生态系统服务分为调节与维持服务、生产与供给、文化服务三大类（Haines-Young and Potschin，2010，Haines-Young et al.，2012；李双成，2014）。李琰等（2013）从终端生态系统服务所产生的收益与人类福祉关联的角度，将生态系统服务划分为三大类：福祉的构建、维护和提升。由此可见，由于生态系统结构复杂性、功能多样性、服务与结构或过程之间的不确定性，以及外界的原因（Costanza et al.，1997；Costanza，2008），很难找到一个普适的生态系统服务分类方案。生态系统服务，从生态学的角度阐释，强调对人类及人类社会发展有益的生态系统内在功能和过程（Daily，1997；Daily et al.，2000；Boyd and Banzhaf，2007）；从经济学和社会学的角度，是描述人类从生态系统获得的各种产品与服务收益（Costanza et al.，1997；Millennium Ecosystem Assessment，2005）。而一个好的分类方案应当包括生态系统功能和服务特征，同时又便于为环境管理部门及决策部门提供管理手段和科学依据（Fisher et al.，2009）。因此，在对具体研究系统进行分类和制定生态系统服务功能时，应根据实际存在的差异和研究区的特征等来决定（Karp et al.，2015）。

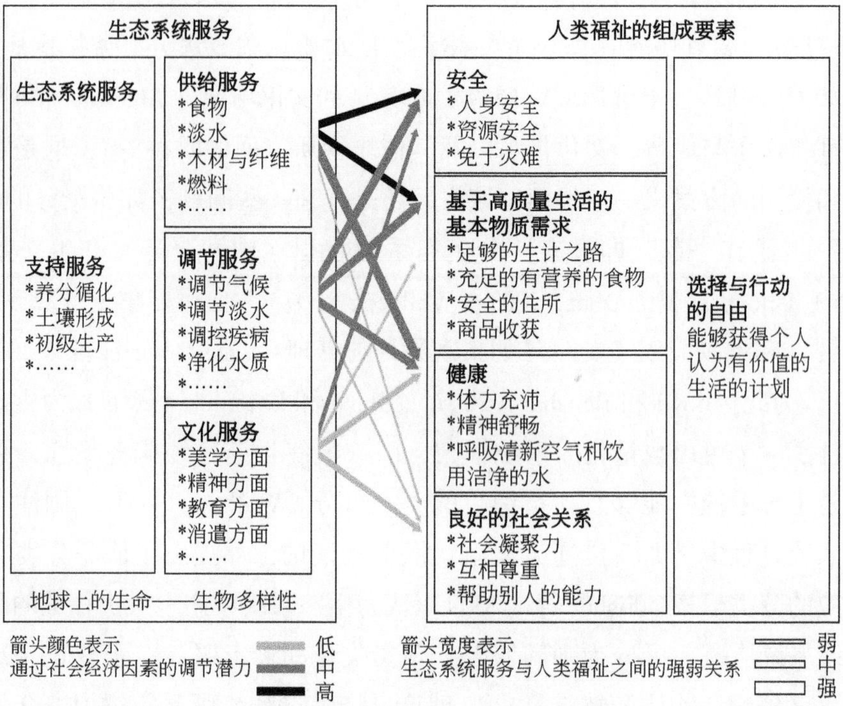

图 1-2　生态系统服务与人类福祉关系

资料来源：Millennium Ecosystem Assessment，2005。

1.2.2　生态系统服务评估与制图

生态系统服务功能的重要性越来越被人们所熟知，已被越来越多地用于决策与管理中。生态系统服务评估与制图是生态系统服务功能重要性评价和区域生态系统管理的基础，因此，生态系统服务评估方法的不断发展完善也成为各国学者日益关注的焦点。目前，国内外使用较多的是基于单位面积的价值量评估法、依据模型进行价值评估的模型评估法和定量指标法（Costanza et al.，1997，2017；Brown et al.，2007；谢高地等，2003；吕一河等，2013）。

1.2.2.1　价值量评估法

价值量评估法是依据价值量（货币角度）利用各种直接或间接的数学方法对生态系统服务进行量化（Brown et al.，2007；彭怡，2010），将生态系统服务进行分类并参考 Costanza 等（1997）土地类型单位面积生态系统服务价值量表，得出各个土地利用类型的生态系统服务价值。该方法可以使生态系统服务价值以货币的形式简单直观地表现出来，同时各个景观类型服务价值可以更加清楚地比较分析。谢高地等（2003）参考 Costanza 等的研究结论，构建出我国生态系统单位面积服务价值量表，并以此估算出青藏高原地区不同服务类型的功能价值。价值量法对生态系统服务总价值量进行量化，该方法最为简单，也应用最多，但也引起了很多质疑。主要是它忽视了不同时空尺度的时空异质性以及生态系统服务价值对社会经济环境的依赖性，而且没有从根本上考虑生态系统服务提供和价值实现的生态与社会经济机制（黄从红等，2014；Eigenbrod et al.，2010；Koschke et al.，2012；吕一河等，2013），缺乏牢靠的科学基础，评估结果的不确定性较高，难以应用。

1.2.2.2 模型评估法

模型评估法是以地理信息系统和遥感为平台，利用生态系统服务评估模型对生态系统服务典型生态系统进行空间量化和可视化，同时弥补了在时空尺度上生态系统服务功能空间异质性变化（Johnson et al.，2012），为管理者和决策者提供明确的生态系统服务时空变化特征，从而为高值和低值生态系统服务区提供协同和权衡机制（Maes et al.，2012）。生态系统服务模型运行原理是利用研究区遥感、土地利用、气象和社会经济数据等动态模拟不同子模块下研究区典型生态系统服务，最后进行典型生态系统服务的空间量化和可视化。目前生态系统服务评估模型运用较多的为 InVEST、ARIES、MIMES、SolVES、ESValue、Envision、InFOREST、EPM 和 SAORES 模型等。生态系统服务模型的发展，极大地促进了多种类型生态系统服务的价值量化、空间叠加分析、生态系统服务价值变化、权衡/协同系统和总体效益的定量模拟（Liu et al.，2010）。总的来说，有些模型全球适宜性不强，只适用于特定区域，如，ESValue、ARIES 和 MIMES 模型（黄从红等，2014）。模型的运用旨在通过分析空间变异性的变化原因对研究区生态系统服务弱势区域提供相关的建议以提高服务价值。其中，SAORES（spatial assessment and optimization tool for regional ecosystem services，SAORES）模型是由傅伯杰团队 2015 年自主研发提出的，基于地理信息系统、生态系统模型和多目标优化算法的区域生态系统服务空间评估与优化模型（Hu et al.，2015），可用于区域生态系统服务的综合评估与管理策略的优化，但其生态系统服务权衡关系的定量化还有待进一步完善（胡海棠，2013）。总的来说，InVEST 模型应用较为广泛，且较为成熟，该模型将地理信息系统、遥感和数学模型融入实现定量评估生态系统服务，实现评估结果的可视化表达，有利于生态系统服务的空间异质性描述。同时，利用InVEST模型创建未来不同覆被情景下生态服务的差异性可使区域土地利用管理政策的制定做出更明智的决定（Baral et al.，2013）。此外，InVEST模型研究具有更广泛的社会科学跨学科知识研究，可以帮助生态系统服务研究界更好地综合实践经验理解复杂的人类福祉（Rosenthal et al.，2014）。

总的来说，模型评估法从理论上照顾到了生态系统服务的部分内在机制，但为了能让模型运转起来，不得不做大量的简化。尽管如此，在生态系统服务评估和模拟时仍然需要众多参数，而这些参数在实际运用中很难充分获得。所以，模型评估中的不确定性和误差也在所难免，现阶段仍然无法精确计算和模拟生态系统服务的物质量和价值量（吕一河等，2013）。

1.2.2.3 定量指标法

定量指标法是根据一定的生态学原理，针对不同的生态系统服务，设计相应的简要算法以确定其量值，强调方法在表达空间单元生态系统服务能力的准确性和实用性而不以生态系统服务的精确估算和模拟为目的（吕一河等，2013）。由于生态系统的生产力是其功能的最显著外在表征，而且可以通过遥感监测获取高时间分辨率、大空间尺度的定量信息，所以可基于生态系统生产力设计生态系统服务评估的定量指标和方法（表1-1）（Paula and Oscar，2012；Carreño et al.，2012；吕一河等，2013）。

表1-1 基于净初级生产力的生态系统服务定量指标与算法

生态系统服务	简易算法	变量
土壤保持	NPP $(1-VC_{NPP})(1-S_{cf}) \times 1.5$	NPP为净初级生产力；VC_{NPP}为NPP变异性；S_{cf}为平均坡度修正
碳固定	NPP $(1-VC_{NPP})(1-O_w) \times 1.5$	NPP为净初级生产力；VC_{NPP}为NPP变异性；O_w为水体与平原面积比
水源涵养与水质净化	NPP $(1-VC_{NPP}) IC_s S_{cf} \times 1.75$	NPP为净初级生产力；VC_{NPP}为NPP变异性；S_{cf}为平均坡度修正；IC_s为土壤渗透系数
生物多样性保护	NPP $(1-VC_{NPP}) I_w N_f \times 1.75$	NPP为净初级生产力；VC_{NPP}为NPP变异性；I_w为生态系统水分输入；N_f为自然度因子
干扰控制	$I_w O_w \times 1.25$	I_w为生态系统水分输入；O_w为水体与平原面积比

续表

生态系统服务	简易算法	变量
废物净化	NPP（1−VC$_{NPP}$）$I_w O_w$×1.75	NPP 为净初级生产力；VC$_{NPP}$ 为 NPP 变异性；I_w 为生态系统水分输入；O_w 为水体与平原面积比
产品提供	NPP · H · O_f×1.5	NPP 为净初级生产力；H 为收获系数；Q_f 为产品质量因子

资料来源：吕一河等，2013。

生态系统服务的定量评估在方法论上也面临着权衡的问题。由于生态系统服务的定量评估仍然依赖于传统学科的理论与方法，而对生态系统同时提供多种服务的科学机理认识不足（Lavorel and Grigulis，2012），以及现实性强的生态系统模型和数据的薄弱（Seppelt et al.，2011），使生态系统服务评估无论在物理量还是价值量方面的不确定性广泛存在（Johnson et al.，2012）。

总之，虽然价值量评估法所需的数据最少，简便易行，但其不确定性也最高。模型评估法在理论上最为完备，但由于其数据需求很难得到充分满足，会在很大程度上制约研究结果的实际应用效果。定量指标法既简便易行，又有一定的生态学基础，能够定量辨识空间单元生态系统服务提供能力的强弱，可以满足空间区划和规划任务的需求，但其在生态系统服务绝对量值的准确评估方面还有待完善（吕一河等，2013）。因此，现阶段的生态系统服务评估应该根据目标需求选取适用方法，并且要明确评估过程和结果中可能存在的不确定性及其控制措施。随着生态系统服务评估方法的发展，适宜的研究方法对生态系统服务的辨识作用越来越显著。

1.2.2.4 生态系统服务制图与分析

生态系统服务制图是对生态系统服务的空间特征及其相互关系的定量描述过程，是将生态系统服务的概念和理论融入环境制度和政策的桥梁工具，是生态系统服务研究的可视化"语言"（李双成等，2014）。它有助于科学家和决策者回答下列问题：生态系统服务的空间格局如何？它们在哪里产生，又给哪些地区的人带来利益？现有的土地管理政策如何调整，才能更好地与生态系统服务的空间特征相匹配（Naidoo et al.，2008）？

近年来，生态系统服务制图已经广泛应用于不同类型的生态系统服务在局地（Nelson et al.，2009；白杨等，2013）、区域和全球（谢余初等，2015；Naidoo et al.，2008；傅伯杰，2013；傅伯杰和张立伟，2014）尺度的空间分布特征研究中。生态系统服务空间制图与分析主要包括生态系统服务空间特征分析和热点区域识别、服务之间的空间权衡关系分析、空间格局定量表达、生态服务分区辨识、生态系统服务及其影响因素的空间建模、生态系统服务和影响因素分析等。其中，基于生态系统服务制图的 ES 供给-需求分析、权衡与协同分析和区域环境政策评估等已成为该领域的研究热点（李双成等，2014）。

目前，生态系统服务制图面临的挑战主要有（李双成等，2014；傅伯杰和张立伟，2014）：①填补数据空白。由于生态系统服务制图需要更多可靠的数据来精确描述区域生态系统服务的存量、流量，并验证生态系统服务模型的可靠性（Maes et al.，2012）。然而，在具体的制图与分析中，常缺乏这样或那样的基础数据，制约着评估的准确性和科学性。例如，在生态系统服务制图文献中，调节服务（如碳储存、碳汇等）是研究最多的生态系统服务类型，其次是供给服务和文化服务（Martínez-Harms and Balvanera，2012），供给和文化服务研究较少的原因是数据和方法的限制以及难以对其进行精确地空间辨识。②制图方法的一致性。生态系统服务制图是多种方法的融合。许多情况下，研究者采用多个指标来衡量同一种生态系统服务，这会造成评估和制图单位的不一致。另外，由于研究目的和选取指标的不同，同一研究区的同一种生态系统服务的制图结果也可能差异很大（Lamarque et al.，2011）。应该制定一个生态系统服务评估的普适性概念框架，采用统一的标准化方法来量化生态系统服务制图（Martínez-Harms and Balvanera，2012；Maes et al.，2012），通过精确量化生态系统服务的方法，为实现可持续目标而进行决策和管理（McKenzie et al.，2012），从而有利于制图方法在不同地区的应用及结果对比。③生态系统服务供给和需求区的识别与制图。由于生态系统服务的供给和需求可能在地域上有所不同（Fisher et al.，2009），这种异质性要求提供生态系统服务供给与需求的空间格局。④将生态系统服务的复杂性融入制图过程。生态系统及其服务的变化通常表现出非线性特征，而这种非线性特征会随着外部驱动力的增强而表现的愈加显著。现有的生态系统服务制图并未充分考虑生态系统维持其存在的阈值（Maes et al.，2012）。已有的生态系统服务制图主要是向决策者展示一种或几种生态系统服务的空间分布，并未将生态系统服务的时空尺度特征以图形或者其他形式表现出来。目前，生态系统服务模型评估在这方面做了有效探索，如 InVEST 模型被广泛应用于生态系统服务制图与评估（王雅等，2015；黄从红等，2014），用于区域生态系统服务的综合分析和权衡研究。

上述因素在一定程度上制约生态系统服务制图及其应用，需要进一步深入分析和研究。

1.2.3 生态系统服务权衡与协同

生态系统服务权衡（trade-offs）是指在一定时空内，某一类型生态系统服务供给能力的增强，是以其他类型生态系统服务的减少为代价的，即此消彼长（或竞争关系）（林泉和吴秀芹，2012；李鹏等，2012）。例如，在脆弱山区，大量开垦坡耕地种植农作物，粮食增长的同时可能会带来区域的土壤侵蚀风险。协同（co-benefits）则是两种或多种生态系统服务同时增加或减弱的情形。生态系统服务权衡与协同是进行区域生态系统服务管理与决策的基础。

从关键因素和类型上看，生态系统服务权衡主要分为三种形式：空间权衡、时间权衡以及可逆权衡（Rodríguez et al., 2006；Martínez-Harmsa and Balvanera, 2012；Goldstein et al., 2012；林泉和吴秀芹，2012；李双成等，2014；傅伯杰和张立伟，2014）。空间权衡是指空间上生态系统服务的消长，即各服务间冲突发生在哪些具体地点，又称之为空间尺度权衡。时间权衡也称之为时间尺度权衡，是指当前的生态系统服务利用对未来造成的可能影响，或某种生态系统服务的现时和未来利用之间可能存在竞争与协同关系（Van der Biest et al., 2015）。可逆权衡主要用于探讨被破坏的生态系统服务可恢复性，即在可逆性变化和不可逆性变化之间找到平衡点（Rodríguez et al., 2006；Johnson et al., 2012）。

由于生态系统服务的权衡管理难以直接计算，且生态系统服务权衡与协同作用是由人类-生态系统相互作用下制定的管理决策和制度引起的，因此在权衡管理的研究方法上，目前多以土地利用与覆被变化为媒介定性或定量地分析生态系统服务（Bohensky et al., 2006），具体的方法有地图对比法、情景分析法和生态-经济综合模型方法（Lautenbach et al., 2010；李鹏等，2012；李双成，2014）。

1) 地图对比法：通过应用地理信息系统空间分析工具获取各生态系统服务功能的空间分布格局，对比其空间重合度，进而识别权衡与协同的类型及区域。例如，Raudsepp-Hearne 等（2010）对 12 种生态系统服务进行聚类分析和空间制图，最终确定了加拿大魁北克 6 类生态系统服务簇，并识别不同服务之间的权衡与协同的类型及具体位置。

2) 情景分析法：是基于土地利用变化提出的，通过制定不同管理模式的土地利用与覆被变化情景，来分析各项生态系统服务之间的动态变化（Nemec and Raudsepp-Hearne, 2013；李双成等，2014）。Bulter 等（2011）以澳大利亚大堡礁为例,利用4种土地利用情景评估了该区域水质调蓄服务与其他10种生态系统服务之间的权衡与协同关系。

这两种方法(地图对比法和情景分析法)均与土地利用变化相关,是分别从空间和时间的角度上分析生态系统服务的竞争与协同作用关系,故可以合并称之为土地利用情景模拟法(李鹏等,2012)。近年来,地图对比法和情景分析法逐渐与生态系统服务相关模型相结合,并被推广与使用。

3)生态-经济综合模型:是通过将生态模型与社会经济评价模型相结合的模型的总称(Turner,2003;Farber et al.,2006)。

目前常用的生态系统服务权衡的研究方法主要有:图形比较、情景分析以及模型模拟等(李双成,2014;Rodríguez et al.,2006;Nelson et al.,2009;傅伯杰和于丹丹,2016)。现有的生态系统服务权衡模型,如InVEST、ARIES、ESValue、EcoAIM、EcoMetrix、NAIS、SolVES、SAORES模型等,主要是基于遥感提供的大范围实时数据及地理信息系统空间分析算法,对生态系统服务类型的相互关系进行判别的,其中以InVEST模型的应用最为广泛(黄从红等,2014;黄从红,2014)。

概括来讲,上述生态系统服务权衡模型还处于起步阶段,仍具有很多限制和不足(李双成等,2014;傅伯杰和张立伟,2014;傅伯杰和于丹丹,2016;戴尔阜等,2015;曹祺文等,2016;Bennett et al.,2009;Nelson et al.,2009):生态系统服务模拟算法和评估结果的不确定性分析有待提高;更多调节和支持类生态系统服务的评估模块有待开发和推广;景观格局、生态系统结构和功能状态空间异质性对生态系统服务的影响还需细化;人类活动和管理情景的模拟还具有很大的主观性和变动性;服务之间的权衡关系表达还过于简化,对输入参数的依赖性太强,也不能很好地阐述生态系统服务权衡的驱动机制和时空尺度动态变化特征等。多学科/跨学科综合研究是未来生态系统服务权衡研究的重要方向;生态系统服务"地理化"和"社会经济化"研究的结合也需要进一步加强。

1.2.4 生态系统服务与人类福祉

随着社会经济的快速发展,人类的生活和生产活动对自然资源的无限制开发利用及索取致使生态系统服务功能逐步衰退,尤其是发展中国家可利用耕地面积减少、淡水资源紧缺、草地退化和生物多样性减少等问题日益严峻,对区域社会经济的可持续发展造成了严重威胁。为此,2001年6月,联合国秘书长安南宣布围绕"生态系统服务与人类福祉"主题的"千年生态系统评估"国际合作项目启动；2006年11月，斯坦福大学、世界野生动物基金会和世界自然保护协会等联合开启"自然资本项目"（Natural Capital Project）研究，并研发了InVEST模型，致力于评估生态系统服务的空间分布与传输，帮助决策者权衡农户、生态保护者和政府部门等相关者的利益，制定战略性的保护与发展计划。可见，全面分析生态系统服务与人类福祉间的相互关系，确保服务与福祉间的良性循环，对区域生态-社会-经济的协同持续发展具有重要的意义。

人类福祉是人们对自身生活状态的一种综合感知，包括维持高质量生活所需的基本物质、健康、良好的社会关系、安全、选择和行动的自由等要素（Millennium Ecosystem Assessment, 2005）。其中，维持高质量生活所需的基本物质包括农田生态系统提供的粮食供给服务。从人类福祉角度看，生态系统服务就是生态系统给人类提供各种福祉所需的物质产品和精神享受。作为社会生态系统的一部分，人类通过改变土地利用方式和强度等形式来权衡各类生态系统服务，从而满足自身需求。但不同的社会群体有着不同的利益诉求，且多数群体过于追求经济效益而忽视了生态平衡（Wang et al., 2017）。因此，土地利用变化下的生态系统服务与人类福祉的关系研究备受关注，并逐步运用到生态系统管理和区域可持续发展等领域。目前，对两者关系的研究缺乏系统的方法，实际研究中主要利用可以计量的社会经济指标和问卷调查来反映人类需求被满足的程度及个人的幸福程度，如人类发展指数（human development index, HDI）、国家福利指数（national welfare index, NWI）等，以研究生态系统服务与人类福祉间的相关性（王大尚等，2013；刘家根等，2018）。虽然指标间的自相关性、评价体系的全面性和科学性有待进一步完善，但已有研究成果也能警醒世人在适度的生态系统服务消费范围内，有序提升自身福祉。例如，我国西北黄土丘陵区、西南石山地区和若尔盖高原湿地等地区由于生态系统先天脆弱，供给服务极为有限，但当地居民为提高粮食产出等福祉，加大土地利用程度，导致生态系统功能衰退，进而影响生态系统服务供给和区域居民福祉，形成恶性循环（屈波等，2004；张晓云等，2009）。此外，两者间存在时间上的权衡关系。如短期内生态系统整体功能减弱，但供给服务的提供却得到了大幅提高，促使福祉在一定阶段内发展较大；但由于时间的滞后效应，由生态系统破坏带来的负面效应将显现出来，制约福祉发展（Raudsepp-Hearne et al., 2010）。总之，生态系统服务和人类福祉的定量化及其关系的时空特征研究还有待加强，以便更好地为生态系统服务的保育和人类福祉的稳步提高提供决策依据。

1.2.5 生态系统服务管理

生态系统的不断退化以及环境问题的全球化，使得科学地管理地球生态系统和自然资源成为生态学和资源科学研究的热点。作为科学家对全球规模的生态、环境和资源危机的一种响应，生态系统管理应运而生（于贵瑞，2001）。生态系统管理是生态系统过程和社会经济目标的权衡，而生态系统服务是联系生态系统与人类福祉的纽带。近年来，随着生态系统服务研究的深入，基于生态系统服务的生态系统管理已成为必然（Egoh et al.，2007；王雅等，2015）。

生态系统服务管理就是人们对环境或生态系统服务的管理，即在理清各类生态系统服务之间的关系、明晰供给与需求基础上，改变生态系统服务的类型、数量和相对组合，使生态系统提供最合理且整体最优的服务（Carpenter et al.，2009；Valdivia et al.，2012；Vorstius and Spray，2015）。

生态系统服务管理是一个复杂过程，是建立在科学度量和表征生态系统服务、明确生态系统服务对人类福祉和生计需要的贡献之上的（Millennium Ecosystem Assessment，2005；Daily et al.，2009；Kareiva et al.，2011；Potschin et al.，2016）。生态系统服务管理决策需综合考虑多方利益，权衡多种生态系统服务（曹祺文等，2016；戴尔阜等，2016；Daily et al.，2009；Kareiva et al.，2011；Fu et al.，2013）；同时，还需要协调处理生态系统服务之间的矛盾关系（如在强调某种服务功能时需要兼顾其他服务，维系生态系统多种服务的措施之间的矛盾）（郑华等，2013），进而综合多学科知识，提出切实可行的管理途径和措施，以期提高和增强生态系统服务的可持续供给能力。总的来说，生态系统服务管理的近期研究主要集中于以下 4 方面（郑华等，2013；傅伯杰和于丹丹，2016；曹祺文等，2016；戴尔阜等，2016；Daily et al.，2009；Kareiva et al.，2011；Goldstein et al.，2012；Fu et al.，2013；Potschin et al.，2016）：①生态系统服务的测度与科学评估；②生态系统服务与人类福祉的关系；③多种生态系统服务权衡与协同关系；④基于生态系统服务的科学决策与综合管理。

生态系统服务价值的定量评估和权衡是生态系统管理决策的基础。InVEST 模型作为一种有效工具，可以同时运用图形比较、情景分析及模型模拟等，可适应多种尺度，空间上可小到子流域也可大到全球，时间上既可分析现状，也可预测未来，因此成为生态系统服务尺度效应分析的有效工具。基于 InVEST 模型，从生态系统服务角度进行生态系统综合管理是一种新的思路,具有广泛的应用空间(Nelson et al.,2009;Kremen and Ostfeld,2005;王雅等,2015),可为区域生态系统管理和决策提供科学依据。

1.2.6 当前生态系统服务研究热点

尽管我国的生态系统服务功能研究正在快速推进(李文华等,2008;杨光梅等,2007),但由于受到自身的技术和经济的限制,现有的基础理论、评估方法和评估结果多照搬国外,因而,使生态系统价值评估结果偏差很大,且对地域性差别的考虑不足(李文华等,2008)。在了解当前生态系统服务文献基本情况下,以频次≥100的关键词分类整理和分析当前生态系统服务研究热点(表1-2)。

表1-2 1980~2014年生态系统服务领域热点关键词

研究主题	代表关键词	词频合计
生态系统服务机制 ecosystems services (ecosystem structure, processes, functions, and services)	ecosystem(s), ecosystem function, framework, vegetation, scale, classification, forest(s), agriculture, wetlands, grassland, water, soil, river, productivity, nitrogen, pollination, water-quality, carbon sequestration, ecosystem services, services, benefits, environmental services	9901
保护管理及可持续性 conservation and sustainability	management, conversation, protected-areas, ecosystem management sustainability, sustainable development,	3579
生物多样性 biodiversity	(bio)diversity, communities, biodiversity conservation, species richness, habitat, growth, biomass, species-diversity, plant diversity	4365
脆弱性与适应 vulnerability	impacts, resilience, deforestation, disturbance, fire, consequences, restoration, stability, adaption	1889
土地利用及景观 land use and landscape change	land use, land-use change, patterns, dynamics, urbanization, landscape(s), agriculture landscape,	2460
评估与模型 evaluation and modeling	valuation, values, continent valuation, economic valuation, indicators model(s)	1298
气候变化 climate (or environmental) change	climate-change, climate, environment, human well-being	1076
政策与决策分析 policy and decision-making	policy, governance, decision-making, perspective, future	829

数据来源:以SCI-E(Science Citation Index Expanded)数据库为数据源分析国际生态系统服务领域的发展态势及研究热点,检索主题词为ecosystem service(s),文献类型为"article",检索时间段为1980~2014年(截止日期为2014-12-31)。借助CiteSpace软件对高频关键词进行挖掘和提取,并对频次≥100的关键词分类整理出国际生态系统服务研究热点。

结合当前国际生态系统服务功能的研究态势和国内生态学研究与生态建设实践中的重点问题,我国生态系统服务功能研究的未来重点如下。

1）生态系统结构-过程-服务的相互作用机制。生态系统结构-过程-机理以及不同生态系统服务之间的关系是生态系统服务评估的科学基础和研究前沿，尺度关联和尺度转换是生态系统服务研究的重点和难点（傅伯杰，2013）。在深刻理解生态系统的生态学机制的基础上，把握生态系统服务的精确内涵，了解相应尺度生态系统服务的动力学机制，科学合理地进行假设、理论分析与实验观测，以减少或避免生态系统服务概念本身存在的风险以及分类和选择的主观性带来的评估风险，对实现生态系统服务的科学和准确研究意义重大而深远（Daily，1997；Millennium Ecosystem Assessment，2005；Kremen and Ostfeld，2005；Fisher et al.，2009；Fu et al.，2013；Potschin et al.，2016；李惠梅和张安录，2011）。

2）如何保育和管理生态系统，改善生态系统服务，保障区域生态安全，是生态学家和管理者面临的又一大难题（Armsworth et al.，2007；Braat and de Groot，2012；Wang et al.，2013）。虽然科学家们已进行了一系列研究，但由于对生态系统大部分服务的研究尚未深入开展，所以对于如何确定生态系统管理的关键组分，确定管理的边界和范围、不同管理方式下生态系统服务的变化，以及这种变化与人类活动的相互关系等尚没有明晰的结论（傅伯杰，2013）。

3）生物多样性与生态系统服务。尽管国内外学者围绕生物多样性和生态系统服务功能开展了大量研究，但由于生物多样性与生态系统服务的关系非常复杂，明确生物多样性与生态系统服务之间的依存关系，进一步理解生态系统服务的生态学机制，为有效开展生物资源保护和持续利用提供管理和决策支持是急需回答的关键问题（傅伯杰，2013；Nelson et al.，2009；Christie and Rayment，2012；Kremen，2005；Potschin et al.，2016）。因此，理解生物多样性-生态系统服务-人类福祉之间的关系，阐明生物多样性和生态系统服务丧失引起的经济价值损失及其对人类福祉的影响，揭示生物多样性、生态系统功能及其稳定性对全球变化和人类活动干扰的敏感性和适应机制是今后研究的重点。

4）生态系统服务脆弱性与适应。针对生态系统服务脆弱性的研究主要集中在脆弱性评价、不同土地利用方式下的脆弱性响应等方面（Depietri et al.，2013；Smith et al.，2014；Metzger et al.，2006），而对于贫困地区和生态脆弱区的生态系统服务评价与实验观测研究相对较少。亟待开展生态系统脆弱性变化研究，深刻理解人类活动和气候变化等胁迫下生态系统服务功能的响应与反馈机制，寻求应对措施和途径，增强生态系统的自我修复能力及适应性。同时，加强关注生态系统服务在生态脆弱地区的波动，量化生态系统服务在气候变化、经济发展和人类活动等干扰下的变化和对人类福利的影响，消除贫困，保障区域生态安全（李惠梅和张安录，2011）。

5) 土地利用与生态系统服务。土地利用变化影响着生态系统和景观生态过程，进而影响到生态系统服务的供给（Lavelle et al., 2014; Dorji et al., 2014）。已有的大尺度土地利用变化背景下生态系统服务评价研究多依赖于遥感解译数据和社会经济数据等，缺乏可靠的实地观测数据、统一的评价方法及对结果的验证等。因此，在实际评价过程中，应充分明确评价精度与评价目的之间的关系，合理选择可靠的数据源及评价指标，并对最终的评估结果与实际调查观测数据进行对比验证，这样既能节省成本又可确保评价过程的准确性，使得生态系统服务评估能真正辅助决策（傅伯杰和张立伟，2014）。另外，土地利用变化驱动下生态系统过程与服务的相互关系、生态系统服务之间的相互关系以及生态系统服务的区域集成与优化研究是区域生态系统管理的基础，也是生态系统服务研究的前沿科学问题，对于深刻理解和把握生态系统服务的形成过程与响应机理，合理配置与利用土地资源，实现区域可持续发展具有重要的理论和现实意义（傅伯杰和张立伟，2014; Viglizzo et al., 2012）。

6) 生态系统服务价值评估理论、评估指标和模型研究。由于评估方法的差异及评估指标选取的不同，导致同一区域的同种生态系统服务功能的评估结果差异很大。另外，未充分考虑穷困人群对生态系统的依赖性和需求，难以实现在动态评估的基础上进行空间转换和异质性功能的量化，因此导致生态系统服务评估存在诸多不合理和不精确（李惠梅和张安录，2011）。此外，目前关于生态系统服务评估方面的研究对决策者的信息需求关注较少，为促进生态系统服务在实践中的应用，研究者需要将注意力转移到政策选择和生态系统数据需求上（Fu et al., 2013; Metzger et al., 2006; Bagstad et al., 2014; Maes et al., 2012; Potschin et al., 2016）。随着全球范围内研究尺度的加大，基于3S构建的生态模型具有大尺度下生态系统服务计算的优势，基于机理和过程的模型也逐渐发展起来，但目前基于3S技术的生态系统服务价值评估集成研究仍存在一些不尽人意之处，如生态系统服务价值评估的方法体系仍需不断完善，3S技术本身的一些不足，以及生态系统服务价值评估在集成研究中存在的各类耦合问题等（Bagstad et al., 2014; Daily et al., 2009; 房学宁和赵文武，2013）。生态系统服务模型的未来发展在致力于生态系统结构、过程与服务机理研究的同时，需要更好地整合决策过程，注重耦合景观格局、生态系统服务与决策的区域集成模型的开发利用（Bagstad et al., 2014; Daily et al., 2009）。

7) 气候变化与生态系统服务及人类福祉。生态系统服务可能因气候或环境变化而改变,如生物多样性、水供应和碳储存等是受气候变化影响最为直接的生态系统服务。目前,在全球气候变化研究的热潮下,学者们非常关注气候变化给包括生物多样性在内的生态系统服务功能乃至整个社会环境带来的影响(Schröter et al., 2004; Metzger et al., 2008; Winfree, 2013; Vihervaara et al., 2013; Potschin et al., 2016)。气候变化对区域生态系统服务的可能影响及其阈值,区域生态系统服务对全球气候变化的响应,农业、水资源、人体健康、食物安全等对全球和区域气候变化脆弱性和风险评估,气候变化背景下自然资源的保护管理及可持续利用等方面是当前及未来的重点研究议题。

由于生态系统服务与人类福祉间关系的异常复杂性,理解和准确表达不同尺度驱动力作用下的生态系统服务与人类福祉间的动态关系,不仅是具有挑战性的研究课题,而且有利于区域的可持续发展和自然资本更好地为人类社会服务。相关研究的主题集中在如何表征生态系统功能与服务对人类福祉的贡献,或人类福祉对生态系统服务的依赖性。

8) 科学研究与政策互动。科学研究的决策管理至关重要,尤其是对于生态修复、生态补偿及维持区域生态安全等方面具有重大影响。政策通过改变土地利用方式、支配自然资源利用等直接或间接地对生态系统结构和过程施加影响,从而改变生态系统服务。开展生态系统服务对政策的响应及反馈机制研究,揭示政策变化对生态系统维持和保育的效应,有助于提出生态系统服务保育、可持续利用的决策方案和管理策略(Fisher et al., 2009, 2011; Maes et al., 2012; Wang et al., 2013; Potschin et al., 2016),更好地服务于人类福祉。

1.3 甘肃白龙江流域景观格局与生态系统服务研究的重要性

1.3.1 甘肃白龙江流域景观格局与生态系统服务研究的背景与意义

Millennium Ecosystem Assessment(2005)研究显示,全球60%~70%的生态服务在过去的50年(相对于2000年)是退化或衰减的,预计相当一部分生态服务将在未来50年内进一步退化或衰减。过去的半个多世纪,中国的生态服务的变化趋势也是总体退化或衰减的,未来50年内的发展也不甚乐观(于贵瑞等,2009)。为了确保人类生产生活和区域可持续发展，具有重要生态系统服务功能的区域和生态系统类型应该得到保护和管理，以便保障其在未来能进一步提供生态服务（Millennium Ecosystem Assessment，2005；van Jaarsveld et al.，2005；Chan et al.，2006；Egoh et al.，2007）。目前，一方面生态系统退化对人类福祉和经济发展造成的冲击日益加剧，另一方面，为消除贫困和实现可持续发展而必须更合理地管理生态系统，这也为人类提供了难得的机遇。因此，对于正在减退的生态系统服务功能，应该采取何种措施和途径；如何在典型中小流域尺度（更具可操作性）上进行积极有效的维系和保护；这些是当前人们开展生态系统服务研究和保护面临的难题和挑战，急需开展研究与实践。

甘肃白龙江流域地处中国大陆二级阶梯向三级阶梯的过渡带和秦巴山区、青藏高原、黄土高原三大地形交汇区域，素以"山大沟深"而著称。受人类活动、社会经济发展和地质灾害高发的影响，流域森林面积锐减，水土流失、生态环境破坏和不合理人类活动等诱发的洪灾、泥石流、滑坡、土地退化等灾害频发，生态系统呈现结构性破坏到功能性紊乱演变的发展态势（刘纪远等，2006）。特别是受2008年"5·12"汶川大地震和2010年"8·7"舟曲特大泥石流的影响，高发的地质灾害及其次生灾害破坏了该区的地表覆被，打破了该地区生态系统的平衡，导致该地区生态系统稳定性减弱（王文杰等，2008），服务功能降低、生态系统承载能力下降（张春敏和王根绪，2008）。流域水土流失严重，坡耕地上每亩[①]水土流失量4~8t/a，土壤流失的速度超过成土速度的5~10倍，形成了"土少石头多，坡陡乱石窝"的不毛之地，给当地居民财物、生命安全带来巨大的损失，严重威胁着多民族聚居区的经济社会稳定和可持续发展，也影响着国家生态安全。脆弱的生态环境进而又成为该地区次生地质灾害高发的重要诱因，加之不合理人类活动的干扰，该地区严重的地质灾害和脆弱的生态环境陷入了恶性循环的怪圈，使该地区成为我国最贫困、社会不稳定的地区之一，严重制约了当地的经济发展，引起了政府与社会的高度关注。《西部大开发"十二五"规划》将白龙江流域定位为"重要森林生态功能区、重点退耕还林工程区和山洪地质灾害易发综合治理区"。白龙江流域还是地震与泥石流灾区重建和灾区振兴发展规划的重点区，因此，亟待开展流域景观变化与生态评价及人地关系研究，为区域生态建设、社会经济发展等提供理论依据和科学支撑。

甘肃白龙江流域地处我国脆弱生态过渡带，自然灾害频发，是我国复杂山地环

---

① 1亩≈666.7m²。

境和尖锐人地关系的缩影。总的来说,该流域的相关研究工作多侧重于滑坡、泥石流等地质灾害防治与预警(张茂省等,2011;孟兴民等,2013;全永庆,2014;巴瑞寿,2014)、生态安全评价(巩杰等,2014a,2014b;赵彩霞,2013;谢余初等,2014)、生物多样性(张耀甲等,1998;赵遵田等,2008;邵娜,2009)、森林生态系统服务(付殿霞,2014;冯宜明等,2014)等方面。谢余初等(2015)在"压力–状态–响应"框架下,加入生态系统服务指标,构建了甘肃白龙江流域景观生态安全评价指标体系,并分析了流域内生态安全的时空变化过程及其特征。付殿霞(2014)构建了森林生态系统服务价值评价指标体系,对流域内迭部县森林生态系统的林产品、净化空气、涵养水源、固碳释氧、保育土壤、保护生物多样性等多项服务功能进行了价值评估。冯宜明等(2014)采用甘肃白龙江林区森林资源二类调查资料和甘肃白龙江森林生态站监测数据,对流域内云杉、冷杉、油松、桦木、针阔混交林5种森林类型的涵养水源、保育土壤、生物多样性保护、固碳释氧、森林游憩等生态服务功能价值进行了评价。张颖和倪婧婕(2014)基于问卷调查的形式,综合运用Logistic回归和条件价值法(contingent valuation method,CVM)两种方法对迭部县森林生物多样性价值及其支付意愿进行探讨与分析。可见,上述研究多针对流域生态安全和森林生态系统开展,对流域内生态系统服务的研究尚未系统、全面地开展(谢余初等,2015;张玲玲,2016),将区内景观格局与生态系统服务相结合并讨论生态系统服务与人类活动的相互关系就更少。因此,必须加强甘肃白龙江流域景观格局、人类活动及其生态效应的相互关系研究,以便更为有效地维系和保护流域生态系统服务,开展人类生产和建设活动的有效管理和调控,为区域生态安全和社会经济稳定发展提供依据。

人类与生态系统之间存在着一种动态的相互作用(Millennium Ecosystem Assessment,2005):一方面,人类活动及变化状况直接或间接影响着生态系统的变化;另一方面,生态系统的变化又引起人类福祉的变化。同时,许多自然驱动力(如气候变化、地震、暴雨及其诱发的滑坡、泥石流)也正在影响着人类活动和生态系统格局及其变化。2008年汶川大地震致使原本就地质灾害频发、水土流失严重的区域生态系统更为脆弱,导致生态重灾区中1.93%的陆地表面受到破坏,也导致了地表物理性基质和土壤失去原有功能,适宜生境面积减少,生境支撑能力下降。另外,地震对该区域生态系统产生极大影响,崩塌、滑坡及其产生的泥石流、河道堵塞对该区域的水资源安全产生严重影响,水源涵养能力降低,对区域生态安全屏障产生影响,并危及当地居民的生命和财物安全。

因此，笔者团队开展了甘肃白龙江流域景观格局与生态系统服务时空变化研究，旨在回答以下科学问题：①高度异质流域景观格局是如何变化的？②人类活动和灾害扰动区流域生态系统服务评价的指标体系如何构建？如何修正和改进 InVEST 模型参数，并将其用于异质破碎流域生态系统服务研究中？③流域生态系统服务时空分异如何？生态系统服务的权衡与协同关系是怎样的？④流域景观格局演变和生态系统服务变化是如何相互影响的？⑤如何有效开展破碎山地和地质灾害高发区的人类生产和建设活动的调控管理？

1.3.2 主要研究内容

以脆弱的典型山地流域——甘肃白龙江流域为研究区，基于遥感、地理信息系统技术、相关地理图件和 InVEST 模型等，开展流域土地利用及其景观格局变化研究，量化和可视化流域生态系统服务，探讨生态系统服务权衡与协同关系；分析流域景观格局与生态系统服务相关关系，进行流域生态功能分区，提出流域生态系统服务与人类活动管理对策建议。本书的具体研究内容如下。

（1）流域土地利用与景观格局变化

利用 Landsat TM、ETM、OLI 卫星遥感影像、Google 高清地图、植被与林业资源调查数据和土地利用变化数据，对甘肃白龙江流域土地利用与覆被空间信息进行解译，建立流域土地覆被系统变化空间统计数据库。然后利用土地利用分析法和 Fragstats 软件等，探讨甘肃白龙江流域土地利用及其景观格局变化特征与规律。

（2）生态系统服务估算与时空变化

基于 InVEST 模型的农作物生产服务能力的评估原理，以各县区单位土地利用面积上的农作物产量来表征农作物生产服务功能大小。与此同时，通过对 InVEST 模型其他功能模块的参数"本地化"与相关因子进行调整和应用，分析和估算流域内土壤保持、碳储存、水源供给等生态系统服务，进行流域生态系统服务制图，探讨不同时段流域生态系统服务的时空分异与热点区域等。

（3）生态系统服务权衡与协同关系

在 GIS 平台中，基于数理统计、空间分析方法、情景分析等方法，分析各项生态系统服务之间的空间相关性，识别和划分综合生态系统服务的重要区（核心区），在此基础上，根据研究区现状与需求，讨论不同情景下生态系统服务的变化特征与规律，探讨各项生态系统服务功能权衡与协同关系。

（4）流域景观格局与生态系统服务相关关系

流域景观格局与生态系统服务紧密相关，利用地理信息系统空间分析工具与 GeoDa 软件、地统计分析等方法，进一步分析流域生态系统服务的影响因素，探讨流域景观格局变化与生态系统服务之间的相关性，为认清生态系统服务形成机制奠定基础。

（5）生态系统服务与人类活动管理

生态系统服务变化直接影响到人类福祉的可持续发展，以 3S 技术为平台，综合分析和流域生态系统服务时空变化、各服务间权衡与协同关系、服务与流域景观格局，并结合研究区自然生态环境特征和人文信息进行生态功能类型分区研究，讨论生态系统服务与人类活动的关系，旨在为流域生态系统服务维持、人类活动调控和管理等提供科学依据和参考。

1.3.3 研究思路与技术路线

本书采用景观生态学、3S 技术、土地变化科学、生态系统服务模型等多学科及交叉学科方法，并综合利用遥感影像、土地利用、实验观测、社会经济与文献资料等数据，开展甘肃白龙江流域景观格局与生态系统服务时空变化研究，探讨流域景观格局与生态系统服务之间的相关关系；开展基于生态系统服务的流域生态功能分区，提供管理对策建议。本研究旨在为流域资源开发、生态系统管理和人地关系协调等提供科学依据和参考。本研究的技术路线见图 1-3。

本书的主要目标如下。

1）依据甘肃白龙江的自然环境与人类活动的阶段性特点，以 1990 年、2002 年、2014 年为典型时期，开展流域土地利用变化与景观格局时空变化分析。

2）基于生态系统食物生产服务评估框架及 InVEST 模型等，开展流域生态系统食物生产、产水、土壤保持、碳储存等服务的时空变化及其权衡协同分析。

3）开展景观破碎化与土壤保持、产水等生态系统服务的相关关系及空间自相关分析。

4）开展基于生态系统服务的流域生态功能分区与管理对策研究，为类似山区生态保育和人地协调发展提供借鉴和参考。

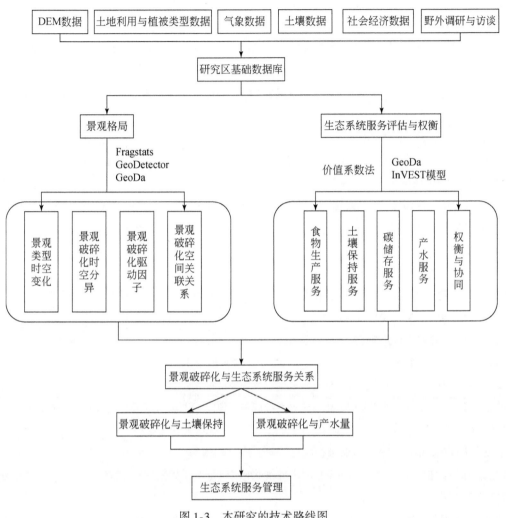

图 1-3 本研究的技术路线图

参 考 文 献

巴瑞寿. 2014. 白龙江武都—汉王镇段地质灾害风险评价. 兰州：兰州大学硕士学位论文.

白军红, 欧阳华, 杨志锋, 等. 2005. 湿地景观格局变化研究进展. 地理科学进展, 24 (4): 36-45.

白杨, 郑华, 庄长伟, 等. 2013. 白洋淀流域生态系统服务评估及其调控. 生态学报, 33 (3): 711-717.

毕晓丽, 周睿, 刘丽娟, 等. 2005. 泾河沿岸景观格局梯度变化及驱动力分析. 生态学报, 25 (5): 1041-1047.

边红枫. 2016. 流域土地利用变化对保护区湿地生态系统影响及格局优化研究. 长春：东北师范大学博士学位论文.

蔡运龙. 2010. 当代自然地理学态势. 地理研究, 29 (1): 1-12.

曹祺文，卫晓梅，吴健生．2016．生态系统服务权衡与协同研究进展．生态学杂志，35（11）：3102-3111．

陈利顶，刘洋，吕一河，等．2008．景观生态学中的格局分析：现状、困境与未来．生态学报，28（11）：5521-5531．

陈利顶，李秀珍，傅伯杰，等．2014．中国景观生态学发展历程与未来研究重点．生态学报，34（12）：3129-3141．

程国栋，李新．2015．流域科学及其集成研究方法．中国科学：地球科学，45（6）：811-819．

戴尔阜，王晓莉，朱建佳，等．2015．生态系统服务权衡/协同研究进展与趋势展望．地球科学进展，30（11）：1250-1259．

戴尔阜，王晓莉，朱建佳，等．2016．生态系统服务权衡：方法、模型与研究框架．地理研究，35（6）：1005-1016．

房学宁，赵文武．2013．生态系统服务研究进展——2013年第11届国际生态学大会（INTECOL Congress）会议述评．生态学报，33（20）：6736-6740．

冯宜明，车克钧，曹秀文，等．2014．甘肃省白龙江林区主要森林类型生态服务功能价值评估．中南林业科技大学学报，34（10）：102-106．

付殿霞．2014．甘肃迭部县森林生态系统服务价值评估．兰州：甘肃农业大学硕士学位论文．

傅伯杰．2013．生态系统服务与生态安全．北京：高等教育出版社．

傅伯杰，吕一河．2006．生态系统评估的景观生态学基础．资源科学，28（4）：5．

傅伯杰，张立伟．2014．土地利用变化与生态系统服务：概念、方法与进展．地理科学进展，33（4）：441-446．

傅伯杰，于丹丹．2016．生态系统服务权衡与集成方法．资源科学，38（1）：1-9．

傅伯杰，邱扬，王军，等．2002．黄土丘陵小流域土地利用变化对水土流失的影响．地理学报，57（6）：717-722．

傅伯杰，陈利顶，王军，等．2003．土地利用结构与生态过程．第四纪研究，23（3）：247-255．

傅伯杰，陈利顶，马克明，等．2011．景观生态学原理及应用．2版．北京：科学出版社．

巩杰，赵彩霞，王合领，等．2012．基于地质灾害的陇南山区生态风险评价——以陇南市武都区为例．山地学报，30（5）：570-577．

巩杰，高彦净，张玲玲，等．2014a．基于地形梯度的景观生态风险空间分析——以甘肃省白龙江流域为例．兰州大学学报（自然科学版），50（5）：692-698．

巩杰，谢余初，赵彩霞，等．2014b．甘肃白龙江流域景观生态风险评价及其时空分异．中国环境科学，34（8）：2153-2160．

巩杰，孙朋，谢余初，等．2015．基于移动窗口法的肃州绿洲化与景观破碎化时空变化．生态学报，35（19）：6470-6480．

贺缠生．2012．流域科学与水资源管理．地球科学进展，27（7）：705-711．

胡海棠．2013．面向管理的生态系统服务集成与优化．北京：中国科学院生态环境研究中心博士后出站报告.

黄翀, 刘高焕, 王新功, 等. 2012. 黄河流域湿地格局特征、控制因素与保护. 地理研究, 31 (10): 1764-1774.

黄从红. 2014. 基于InVEST模型的生态系统服务功能研究. 北京: 北京林业大学硕士学位论文.

黄从红, 杨军, 张文娟. 2014. 森林资源二类调查数据在生态系统服务评估模型InVEST中的应用. 林业资源管理, (5): 126-131.

黄金良, 李青生, 洪华生, 等. 2011. 九龙江流域土地利用/景观格局-水质的初步关联分析. 环境科学, 32 (1): 64-72.

黄星. 2017. 红树林土壤有机碳、重金属特征对红树林景观格局变化的响应. 上海: 华东师范大学博士学位论文.

焦胜, 杨娜, 彭楷, 等. 2014. 沩水流域土地景观格局对河流水质的影响. 地理研究, 33 (12): 2263-2274.

解宪丽, 孙波, 周慧珍. 2004. 不同植被下中国土壤有机碳的储量与影响因子. 土壤学报, 41 (5): 687-699.

李惠梅, 张安录. 2011. 生态系统服务研究的问题与展望. 生态环境学报, 20 (10): 1562-1568.

李明涛, 王晓燕, 刘文竹. 2013. 潮河流域景观格局与非点源污染负荷关系研究. 环境科学学报, 33 (8): 2296-2306.

李鹏, 姜鲁光, 封志明, 等. 2012. 生态系统服务竞争与协同研究进展. 生态学报, 32 (16): 5219-5229.

李双成. 2014. 生态系统服务地理学. 北京: 科学出版社.

李双成, 王珏, 朱文博, 等. 2014. 基于空间与区域视角的生态系统服务地理学框架. 地理学报, 69 (11): 1628-1639.

李文华, 等. 2008. 生态系统服务功能价值评估的理论、方法与应用. 北京: 中国人民大学出版社.

李秀珍, 布仁仓, 常禹, 等. 2004. 景观格局指标对不同景观格局的反应. 生态学报, 19 (3): 399-407.

李琰, 李双成, 高阳, 等. 2013. 连接多层次人类福祉的生态系统服务分类框架. 地理学报, 68 (8): 1038-1047.

李正才. 2006. 土地利用变化对土壤有机碳的影响. 北京: 中国林业科学研究院博士学位论文.

林泉, 吴秀芹. 2012. 生态系统服务冲突及权衡的研究进展. 环境科学与技术, 35 (6): 100-105.

刘纪远, 王绍强, 陈镜明, 等. 2004. 1990～2000年中国土壤碳氮蓄积量与土地利用变化. 地理学报, 59 (4): 183-196.

刘纪远, 岳天祥, 鞠洪波, 等. 2006. 中国西部生态系统综合评估. 北京: 气象出版社: 1-18.

刘家根, 黄璐, 严力蛟. 2018. 生态系统服务对人类福祉的影响——以浙江省桐庐县为例. 生态学报, 38 (5): 1687-1697.

刘杰, 叶晶, 杨婉, 等. 2012. 基于GIS的滇池流域景观格局优化. 自然资源学报, 27 (5): 801-808.

刘丽娟, 李小玉, 何兴元. 2011. 流域尺度上的景观格局与河流水质关系研究进展. 生态学报,

31(19): 5460-5465.

吕一河, 陈利顶, 傅伯杰. 2007. 景观格局与生态过程的耦合途径分析. 地理科学进展, 26 (3): 1-10.

吕一河, 张立伟, 王江磊. 2013. 生态系统及其服务保护评估: 指标与方法. 应用生态学报, 24 (5): 1237-1243.

满苏尔·沙比提, 努尔卡木里·玉素甫. 2010. 塔里木河流域绿洲耕地变化及其河流水文效应. 地理研究, 29 (12): 2251-2260.

孟兴民, 陈冠, 郭鹏, 等. 2013. 白龙江流域滑坡泥石流灾害研究进展与展望. 海洋地质与第四纪地质, 33 (4): 1-14.

彭怡. 2010. InVEST模型在生态系统服务功能评估中的应用研究——以四川汶川地震灾区为例. 成都: 中国科学院水利部成都山地灾害与环境研究所硕士学位论文.

彭怡, 王玉宽, 傅斌, 等. 2013. 汶川地震重灾区生态系统碳储存功能空间格局与地震破坏评估. 生态学报, 33 (3): 798-808.

屈波, 邹红, 谢世友. 2004. 中国西部地区生态贫困问题与生态重建. 国土与自然资源研究, (4): 74-75.

全永庆. 2014. 基于GIS与组合赋权法的白龙江流域甘肃段地质灾害危险性评价. 兰州: 兰州大学硕士学位论文.

邵娜. 2009. 甘肃省白龙江流域侧蒴藓类植物的研究. 济南: 山东师范大学硕士学位论文.

孙才志, 闫晓露. 2014. 基于GIS-Logistic耦合模型的下辽河平原景观格局变化驱动机制分析. 生态学报, 34 (24): 7280-7292.

王大尚, 郑华, 欧阳志云. 2013. 生态系统服务供给、消费与人类福祉的关系. 应用生态学报, 24 (6): 1747-1753.

王根绪, 卢玲, 程国栋. 2003. 干旱内陆流域景观格局变化下的景观土壤有机碳与氮源汇变化. 第四纪研究, 23 (3): 270-279.

王航, 秦奋, 朱筠, 等. 2017. 土地利用及景观格局演变对生态系统服务价值的影响. 生态学报, 37 (4): 1286-1296.

王计平, 陈利顶, 汪亚峰. 2010. 黄土高原地区景观格局演变研究综述. 地理科学进展, 29 (5): 535-542.

王建林, 欧阳华, 王忠红. 2009. 青藏高原高寒土壤活性有机碳的分布特征. 地理学报, 24 (7): 771-781.

王朗, 徐延达, 傅伯杰, 等. 2009. 半干旱区景观格局与生态水文过程研究进展. 地球科学进展, 24 (11): 1238-1246.

王文杰, 潘英姿, 徐卫华, 等. 2008. 四川汶川地震对生态系统破坏及其生态影响分析. 环境科学研究, 21 (5): 110-116.

王雅, 蒙吉军, 齐杨, 等. 2015. 基于InVEST模型的生态系统管理综述. 生态学杂志, 34 (12): 3526-3532.

王云，周忠学，郭钟哲．2014．都市农业景观破碎化过程对生态系统服务价值的影响——以西安市为例．地理研究，33（6）：1097-1105．

魏晓华，孙阁．2009．流域生态系统过程与管理．北京：高等教育出版社．

邬建国．2000．景观生态学——概念与理论．生态学杂志，19（1）：42-52．

邬建国．2007．景观生态学——格局、过程、尺度与等级．2版．北京：高等教育出版社．

武俊喜，程序，焦加国，等．2010．1940—2002年长江中下游平原乡村景观区域中土地利用覆被及其土壤有机碳储量变化．生态学报，30（6）：1397-1411．

夏叡，李云梅，王桥，等．2011．京杭大运河无锡段水质和土地利用的响应关系．自然资源学报，26（3）：364-372．

肖笃宁，李秀珍．1997．当代景观生态学的进展与展望．地理科学，17（4）：356-363．

肖笃宁，李秀珍．2003．景观生态学的学科前沿与发展战略．生态学报，23（8）：1615-1621．

谢高地，鲁春霞，成升魁．2001．全球生态系统服务价值评估研究进展．资源科学，23（6）：5-9．

谢高地，鲁春霞，冷允法，等．2003．青藏高原生态资产的价值评估．自然资源学报，18（2）：189-196．

谢余初，巩杰，赵彩霞．2014．甘肃白龙江流域水土流失的景观生态风险评价．生态学杂志，33（3）：702-708．

谢余初，巩杰，张玲玲．2015．基于PSR模型的白龙江流域景观生态安全时空变化．地理科学，35（6）：790-797．

严登华．2004．东辽河流域景观格局及其动态变化研究．资源科学，26（1）：31-37．

杨光梅，李文华，闵庆文，等．2007．对我国生态系统服务研究局限性的思考及建议．中国人口·资源与环境，17（1）：85-91．

于贵瑞．2001．生态系统管理学的概念框架及其生态学基础．应用生态学报，12（5）：787-794．

于贵瑞，等．2009．人类活动与生态系统变化的前沿科学问题．北京：高等教育出版社：1-36．

余新晓，张振明，陈丽华，等．2010．森林生态系统结构与功能模型．北京：科学出版社．

岳隽，王仰麟，李正国，等．2006．河流水质时空变化及其受土地利用影响的研究——以深圳市主要河流为例．水科学进展，17（3）：359-364．

张爱静，董哲仁，赵进勇，等．2012．流域景观格局分析研究进展．水利水电技术，43（7）：17-20．

张彪，谢高地，肖玉，等．2010．基于人类需求的生态系统服务分类．中国人口·资源与环境，6（12）：64-67．

张春敏，王根绪．2008．汶川大地震灾害对区域生态系统的影响——以青川、平武和茂县为例．生态学报，28（12）：5833-5841．

张国坤，邓伟，吕宪国，等．2007．新开河流域湿地景观格局动态变化过程研究．自然资源学报，22（2）：204-210．

张宏锋，欧阳志云，郑华，等．2009．新疆玛纳斯河流域景观格局变化及其生态效应．应用生态学报，20（6）：1408-1414．

张玲玲．2016．甘肃白龙江流域生态系统服务评估及影响因素．兰州：兰州大学硕士学位论文．

张茂省,黎志恒,王根龙,等. 2011. 白龙江流域地质灾害特征及勘查思路. 西北地质, 44 (3): 1-9.

张娜. 2014. 景观生态学. 北京: 科学出版社.

张秋菊, 傅伯杰, 陈利顶. 2003. 关于景观格局演变研究的几个问题. 地理科学, 23 (3): 264-270.

张婷, 张楠, 张远, 等. 2013. 太子河流域景观格局对流域径流的影响. 水土保持通报, 33 (5): 165-171.

张晓云, 吕宪国, 沈松平. 2009. 若尔盖高原湿地生态系统服务价值动态. 应用生态学报, 20 (5): 1147-1152.

张耀甲, 彭泽祥, 孙纪周. 1998. 白龙江流域珍稀、特有植物的多样性及其保护. 甘肃科学学报, 10 (2): 16-20.

张殷俊, 陈爽, 彭立华. 2009. 平原河网地区水质与土地利用格局关系——以江苏吴江为例. 资源科学, 31 (12): 2150-2156.

张颖, 倪婧婕. 2014. 森林生物多样性支付意愿影响因素及价值评估——以甘肃省迭部县为例. 湖南农业大学学报 (社会科学版), 15 (5): 89-94.

章家恩, 徐琪. 1997. 现代生态学研究的几大热点问题透视. 地理科学进展, 16 (3): 29-37.

赵彩霞. 2013. 甘肃白龙江流域生态风险评价. 兰州: 兰州大学硕士学位论文.

赵锐锋, 姜朋辉, 赵海莉, 等. 2013. 黑河中游湿地景观破碎化过程及其驱动力分析. 生态学报, 33 (14): 4436-4449.

赵遵田, 任昭杰, 杜超, 等. 2008. 甘肃白龙江流域顶蒴藓类植物区系研究. 山东科学, 21 (5): 1-7.

郑华, 李屹峰, 欧阳志云, 等. 2013. 生态系统服务功能管理研究进展. 生态学报, 33 (3): 702-710.

邹月, 周忠学. 2017. 西安市景观格局演变对生态系统服务价值的影响. 应用生态学报, 28 (8): 2629-2639.

Amiri B J, Nakane K. 2009. Modeling the linkage between river water quality and landscape metrics in the Chugoku District of Japan. Water Resources Management, 23 (5): 931-956.

Armsworth P R, Chan K M A, Daily G C, et al. 2007. Ecosystem-service science and the way forward for conservation. Conservation Biology, 21 (6): 1383-1384.

Bagstad K T, Semmens D J, Waage S, et al. 2014. A comparative assessment of decision-support tools for ecosystem services quantification and valuation. Ecosystem Services, 5: 27-49.

Bakker M M, Govers G, van Doorn A, et al. 2008. The response of soil erosion and sediment export to land-use change in four areas of Europe: the importance of landscape pattern. Geomorphology, 98 (3/4): 213-226.

Baral H, Keenan R J, Fox J C, et al. 2013. Spatial assessment of ecosystem goods and services in complex production landscapes: a case study from south-eastern Australia. Ecological Complexity, 13: 35-45.

Bennett E M, Peterson G D, Gordon L J. 2009. Understanding relationships among multiple ecosystem services. Ecology Letters, 12 (12): 1394-1404.

Bohensky E L, Reyers B, van Jaarsveld A S. 2006. Future ecosystem services in a Southern African river basin: a scenario planning approach to uncertainty. Conservation Biology, 20 (4): 1051-1061.

Boyd J, Banzhaf S. 2007. What are ecosystem services? The need for standardized environmental accounting units. Ecological Economics, 63 (2-3): 616-626.

Boyd J, Krupnick A. 2009. The Definition and Choice of Environmental Commodities for Nonmarket Valuation. Washington D. C.: Resources for the Future.

Braat L C, de Groot R. 2012. The ecosystem services agenda: bridging the worlds of natural science and economics, conservation and development, and public and private policy. Ecosystem Services, 1 (1): 4-15.

Brogaard S, Zhao X Y. 2002. Rural reforms and changes in land management and attitudes: a case study from Inner Mongolia, China. AMBIO, 31 (3): 219-225.

Brown T C, Bergstrom J C, Loomis J B. 2007. Defining, valuing, and providing ecosystem goods and services. Natural Resources Journal, 47 (2): 329-376.

Butler J R, Wongb G Y, Metcalfec D J, et al. 2011. An analysis of trade-offs between multiple ecosystem services and stakeholders linked to land use and water quality management in the Great Barrier Reef, Australia. Agriculture, Ecosystems and Environment, 180 (6): 176-191.

Carpenter S R, Mooney H A, Agard J, et al. 2009. Science for managing ecosystem services: beyond the Millennium Ecosystem Assessment. Proceeding of the National Academy of Sciences of the United States of America, 106 (5): 1305-1312.

Carreño L, Frank F C, Viglizzo F. 2012. Tradeoffs between economics and ecosystem service in Argentina during 50 years of land use change. Agriculture, Ecosystems and Environment, 154: 68-77.

Chan K A, Shaw M R, Cameron D R, et al. 2006. Conservation planning for ecosystem services. PLoS Biology, 4 (11): 379.

Chen L D, Fu B J, Xu J Y, et al. 2003. Location-weighted landscape contrast index: a scale independent approach for landscape pattern evaluation based on "Source-Sink" ecological processes. Acta Ecologica Sinica, 23 (11): 2406-2413.

Chen L D, Huang Z L, Gong J, et al. 2007. The effect of land cover/vegetation on soil water dynamic in the hilly area of the Loess Plateau, China. Catena, 70 (2): 200-208.

Chen L D, Liu Y, Lv Y H, et al. 2008. Landscape pattern analysis in landscape ecology: current, challenges and future. Acta Ecologica Sinica, 28 (11): 5521-5531.

Christie M, Rayment M. 2012. An economic assessment of the ecosystem service benefits derived from the SSSI biodiversity conservation policy in England and Wales. Ecosystem Services, 1 (1): 70-84.

Costanza R. 1999. The ecological, economic, and social importance of the oceans. Ecological Economics, 31 (2): 199-213.

Costanza R. 2008. Ecosystem services: multiple classification systems are needed. Biological Conservation, 141 (2): 350-352.

Costanza R, Arge R, de Groot R, et al. 1997. The value of the world's ecosystem services and natural capital. Nature, 387 (6630): 253-260.

Costanza R, de Groot R, Sutton P, et al. 2014. Changes in the global value of ecosystem services. Global Environmental Change, 26: 152-158.

Costanza R, de Groot R, Braat L, et al. 2017. Twenty years of ecosystem services: how far have we come and how far do we still need to go? Ecosystem Services, 28: 1-16.

Daily G C. 1997. Nature's Services: Societal Dependence on Natural Ecosystems. Washington D. C. : Island Press.

Daily G C, Söderqvist T, Aniyar S, et al. 2000. The value of nature and the nature of value. Science, 289 (5478): 395-396.

Daily G C, Polasky S, Goldstein J, et al. 2009. Ecosystem services in decision making: time to deliver. Frontiers in Ecology and the Environment, 7 (1): 21-28.

De Groot R S, Wilson M A, Boumans R M J. 2002. A typology for the classification, description and valuation of ecosystem functions, goods and services. Ecological Economics, 41 (3): 393-408.

De Groot R S, Alkemade R, Braat L, et al. 2010. Challenges in integrating the concept of ecosystem services and values in landscape planning, management and decision making. Ecological Complexity, 7 (3): 260-272.

Depietri Y, Welle T, Renaud F G. 2013. Social vulnerability assessment of the Cologne urban area (Germany) to heat waves: links to ecosystem services. International Journal of Disaster Risk Reduction, 6: 98-117.

Dorji T, Odeh I O A, Field D J, et al. 2014. Digital soil mapping of soil organic carbon stocks under different land use and cover types in Montane ecosystems, Eastern Himalayas. Forest Ecology and Management, 318 (3): 91-102.

Egoh B, Rouget M, Reyers B, et al. 2007. Integrating ecosystem services into conservation assessments: a review. Ecological Economics, 63 (4): 714-721.

Egoh B, Reyers B, Rouget M, et al. 2009. Spatial congruence between biodiversity and ecosystem services in south Africa. Biological Conservation, 142: 553-562.

Ehrlich P R, Ehrlich A H. 1981. Extinction: The Causes and Consequences of the Disappearance of Species. New York: Random House.

Ehrlich P R, Ehrlich A H, Holdren J P. 1977. Ecoscience: Population, Resources, Environment. San Francisco: W. H. Freeman: 561-562.

Eigenbrod F, Armsworth P R, Anderson B J, et al. 2010. Error propagation associated with benefits transfer-based mapping of ecosystem services. Biological Conservation, 143: 2487-2493.

Farber S, Costanza R, Childers D L, et al. 2006. Linking ecology and economics for ecosystem management. Bioscience, 56 (2): 121-133.

Fisher B, Turner R K, Morling P. 2009. Defining and classifying ecosystem services for decision making. Ecological Economics, 68 (3): 643-653.

Fisher B, Tuener R K, Burgess N D, et al. 2011. Measuring, modeling and mapping ecosystem services in the

Eastern Arc Mountains of Tanzania. Progress in Physical Geography, 35 (5): 595-611.

Fisher D S, Steiner J L, Endale D M, et al. 2000. The relationship of land use practices to surface water quality in the Upper Oconee Watershed of Georgia. Forest Ecology and Management, 128 (1): 39-48.

Foley A J, DeFries R, Asner P G. 2005. Global consequences of land use. Science, 309: 570-574.

Forman R T T. 1995. Land Mosaics: The Ecology of Landscapes and Regions. Cambridge: Cambridge University Press: 8-23.

Forman R T T, Godron M. 1986. Landscape Ecology. New York: John Wiley & Sons: 3-45.

Fu B J, Liu Y, Lv Y H, et al. 2011. Assessing the soil erosion control service of ecosystems change in the Loess Plateau of China. Ecological Complexity, 8 (4): 284-293.

Fu B J, Wang S, Su C H, et al. 2013. Linking ecosystem processes and ecosystem services. Current Opinion in Environmental Sustainability, 5 (1): 4-10.

GLP. 2005. Global Land Project: Science Plan and Implementation Strategy. IGBP Report No. 53/IHDP Report No. 19. Stockholm: IGBP Secretariat.

Goldstein J H, Caldarone G, Duarte T K, et al. 2012. Integrating ecosystem-service tradeoffs into land-use decisions. Proceedings of the National Academy of Science, 109 (19): 7565-7570.

Gustafson E J. 1998. Quantifying landscape spatial pattern: what is the state of the art. Ecosystems, 1 (2): 143-156.

Haber W. 1990. Using landscape ecology in planning and management//Zonneveld I S, Forman R T T. Changing Landscapes: An Ecological Perspective. New York: Springer: 217-232.

Haber W. 2004. Landscape ecology as a bridge from ecosystem to human ecology. Ecological Research, 19: 99-106.

Haines-Young R, Potschin M. 2010. Proposal for a Common International Classification of Ecosystem Goods and Services (CICES) for Integrated Environmental and Economic Accounting. http://www.nottingham.ac.uk/cem/pdf/UNCEEA-5-7-Bk1.pdf [2017-12-9].

Haines-Young R, Potschin M, Kienast F. 2012. Indicators of ecosystem service potential at European scales: mapping marginal changes and trade-offs. Ecological Indicators, 21: 39-53.

Holdren J P, Ehrlich P R. 1974. Human population and the global environment: population growth, rising per capita material consumption, and disruptive technologies have made civilization a global ecological force. American Scientist, 62 (3): 282-292.

Hu H T, Fu B J, Lu Y H, et al. 2015. SAORES: a spatially explicit assessment and optimization tool for regional ecosystem services. Landscape Ecology, 30 (3): 547-560.

IPBES (Intergovernmental Science-Policy Platform on Biodiversity and Ecosystem Services). 2015. Report of the Third Session of the Plenary of the Intergovernmental Science-Policy Platform on Biodiversity and Ecosystem Services. http://www.ipbes.net/plenary/ipbes-3.html [2017-4-25].

IPCC. 2007. Climate change the physical science basis. American Geophysical Union, 9 (1): 123-124.

Johnson K, Polasky S, Nelson E. et al. 2012. Uncertainty in ecosystem services valuation and implication for assessing land use tradeoffs: an agricultural case study in the Minnesota River basin. Ecological Economics, 79: 71-79.

Kareiva P, Tallis H, Ricketts T H, et al., 2011. Natural Capital: Theory and Practice of Mapping Ecosystem Services. New York: Oxford University Press.

Karp D S, Tallis H, Sachse R, et al. 2015. National indicators for observing ecosystem service change. Global Environmental Change, 35: 12-21.

Kearns F R, Kelly N M, Carter J L, et al. 2005. A method for the use of landscape metrics in freshwater research and management. Landscape Ecology, 20 (1): 113-125.

Koschke L, Fürst C, Frank S, et al. 2012. A multi-criteria approach from and integrated land-cover-based assessment of ecosystem services provision to support landscape planning. Ecological Indicators, 21: 54-66.

Kremen C. 2005. Managing ecosystem services: what do we need to know about their ecology? Ecology Letters, 8 (5): 468-479.

Kremen C, Ostfeld R S. 2005. A call to ecologists: measuring, analyzing, and managing ecosystem services. Frontiers in Ecology and the Environment, 3 (10): 540-548.

Lal R. 2004. Soil carbon sequestration impacts on global climate change and food security. Science, 304 (5677): 1623-1627.

Lamarque P, Quetier F, Lavorel S. 2011. The diversity of the ecosystem services concept and its implications for their assessment and management. Comptes Rendus Biologies, 334 (5/6): 441-449.

Lambin E F. 1997. Modeling and monitoring land-cover change processes in tropical regions. Progress in Physical Geography, 21 (3): 375-393.

Lautenbach S, Volk M, Gruber B, et al. 2010. Quantifying ecosystem service trade-offs//Swayne D A, Voinov A A, Rizzoli A, et al. International Congress on Environmental Modelling and Software. Ottawa: International Environmental Modelling and Software Society (iEMSs).

Lavelle P, Rodríguez N, Arguello O, et al. 2014. Soil ecosystem services and land use in the rapidly changing Orinoco River Basin of Colombia. Agriculture, Ecosystems and Environment, 185: 106-117.

Lavorel S, Grigulis K. 2012. How fundamental plant functional trait relationships scale-up to tradeoffs and synergies in ecosystem services. Journal of Ecology, 100: 128-140.

Li H B, Wu J G. 2004. Use and misuse of landscape indices. Landscape Ecology, 19 (4): 389-399.

Liu S, Costanza R, Farber S, et al. 2010. Valuing ecosystem services: theory, practice and the need for a transdisciplinary synthesis. Annals of the New York Academy of Sciences, 1185 (1): 54-78.

Liu Y, Lv Y H, Fu B J. 2011. Implication and limitation of landscape metrics in delineating relationship between landscape pattern and soil erosion. Acta Ecologica Sinica, 31 (1): 267-275.

Ludwig J A, Wilcox B P, Breshears D D, et al. 2005. Vegetation patches and runoff-erosion as interacting eco-hydrological processes in semiarid landscapes. Ecology, 86 (2): 288-297.

Ludwig J A, Bastin G N, Chewings V H, et al. 2007. Leakiness: a new index for monitoring the health of arid and semiarid landscapes using remotely sensed vegetation cover and elevation data. Ecological Indicators, 7 (2): 442-454.

Luo G P, Amuti T, Lei Z, et al. 2015. Dynamics of landscape patterns in an inland river delta of Central Asia based on a cellular automata-Markov model. Regional Environmental Change, 15 (2): 277-289.

Maes J, Egoh B, Willemen L, et al. 2012. Mapping ecosystem services for policy support and decision making in the European Union. Ecosystem Services, 1 (1): 31-39.

Martínez-Harmsa M J, Balvanera P. 2012. Methods for mapping ecosystem service supply: a review. International Journal of Biodiversity Science, Ecosystem Services and Management, 8 (1-2): 17-25.

McKenzie E, Rosenthal A, Girvetz E, et al. 2012. Developing Scenarios to Assess Ecosystem Service Tradeoffs: Guidance and Case Studies for InVEST Users. Washington D. C.: Word Wildlife Fund.

Metzger M J, Rounsevell M D A, Acosta-Michlik L, et al. 2006. The vulnerability of ecosystem services to land use change. Agriculture Ecosystems and Environment, 114 (1): 69-85.

Metzger M J, Schröter D, Leemans R, et al. 2008. A spatially explicit and quantitative vulnerability assessment of ecosystem service change in Europe. Regional Environmental Change, 8 (3): 91-107.

Millennium Ecosystem Assessment. 2005. Ecosystems and Human Well-Being: Synthesis. Washington D. C.: Island Press.

Milne B T, Johnston K M, Forman F T T. 1989. Scale-dependent proximity of wildlife habitat spatially-natural Bayesian model. Landscape Ecology, 2 (2): 101-110.

Naidoo R, Balmford A, Constanza R, et al. 2008. Global mapping of ecosystem services and conservation priorities. Proceedings of the National Academy of Science, 105 (28): 9495-9500.

Narumalani S, Mishra D R, Rothwell R G. 2004. Change detection and landscape metrics for inferring anthropogenic processes in the greater EFMO area. Remote Sensing of Environment, 91: 478-489.

Nelson E J, Mendoza G, Regetz J, et al. 2009. Modeling multiple ecosystem services, biodiversity conservation, commodity production, and tradeoffs at landscape scales. Frontiers in Ecology and the Environment, 7 (1): 4-11.

Nemec K T, Raudsepp-Hearne C. 2013. The use of geographic information systems to map and assess ecosystem services. Biodiversity and Conservation, 22 (1): 1-15.

Osborn F. 1948. Our Plundered Planet. Boston: Little, Brown and Company.

O'Farrell P J, Reyers B, Le Maitre D C, et al. 2010. Multifunctional landscapes in semi arid environments: implications for biodiversity and ecosystem services. Landscape Ecology, 25 (8): 1231-1246.

Paula B, Oscar M N. 2012. Land use planning based on ecosystem service assessment: a case study in the Southeast Pampas of Argentina. Agriculture, Ecosystems and Environment, 154: 34-43.

Polasky S, Nelson E, Pennington D, et al. 2011. The impact of land use change on ecosystem services, biodiversity and returns to landowners: a case study of State of Minnesota. Environment and Resource

Economics, 48: 219-242.

Potschin M, Haines-Young R, Fish R, et al. 2016. Routledge Handbook of Ecosystem Service. London & New York: Routledge Taylor and Francis Group.

Qiu Y, Fu B J. 2004. Spatial variation and scale variation in soil and water loss in heterogeneous landscape: a review. Acta Ecologica Sinica, 24 (2): 330-337.

Raudsepp-Hearne C, Peterson G D, Bennett E M. 2010. Ecosystem service bundles for analyzing tradeoffs in diverse landscapes. Proceeding of the National Academy of Sciences of the United States of America, 107 (11): 5242-5247.

Rodríguez J P, Beard T D, Bennett E M, et al. 2006. Trade-off across space, time, and ecosystem services. Ecology and Society, 11: 28-41.

Rosenthal A, Verutes G, McKenzie E, et al. 2014. Process matters: a framework for conducting decision-relevant assessments of ecosystem services. International Journal of Biodiversity Science, Ecosystem Services and Management, 15: 1-15.

SCEP (Study of Critical Environmental Problems). 1970. Man's Impact on the Global Environment. Cambridge: MIT Press.

Schröter D, Cramer W, Leemans R, et al. 2004. Ecosystem service supply and vulnerability to global change in Europe. Science, 310 (5752): 1333-1337.

Schumaker N H. 1996. Using landscape indices to predict habitat connectivity. Ecology, 77 (4): 1210-1225.

Seppelt R, Dormann C F, Eppink F V, et al. 2011. A quantitative review of ecosystem service studies: approaches, shortcomings and the road ahead. Journal of Applied Ecology, 48: 630-363.

Slattery M C, Burt T P. 1997. Particle size characteristics of suspended sediment in hillslope runoff and stream flow. Earth Surface Processes and Landforms, 22 (8): 705-719.

Smith A M S, Kolden C A, Tinkham W T, et al. 2014. Remote sensing the vulnerability of vegetation in natural terrestrial ecosystems. Remote Sensing of Environment, 154: 322-337.

Suo A N, Li J C, Wang T M, et al. 2008. Effects of land use changes on river basin soil and water loss in loess plateau. Journal of Hydraulic Engineering, 39 (7): 767-772.

Sutherland W J, Armstrong-Brown S, Armsworth P R, et al.. 2006. The identification of the 100 ecological questions of high policy relevance in the UK. Journal of Applied Ecology, 43 (4): 617-627.

Takken I, Beuselinck L, Nachtergaele J, et al. 1999. Spatial evaluation of a physically-based distributed erosion model (LISEM). Catena, 37 (3/4): 431-447.

Turner M G. 1989. Landscape ecology: the effect of pattern on process. Annual Review of Ecology and Systematics, 20: 171-197.

Turner N B, Lambin E F, Reenberg A. 2007. From the cover: land change science special feature: the emergence of land change science for global environmental change and sustainability. Proceedings of the National Academy of Sciences of the United States of America, 104 (52): 20666-20671.

Turner R. 2003. Valuing nature: lessons learned and future research directions. Ecological Economics, 46: 493-510.

Uuemaa E, Antrop M, Roosaare J, et al. 2009. Landscape metrics and indices: an overview of their use in landscape research. Living Reviews in Landscape Research, 3 (1): 1-28.

Valdivia R O, Antle J M, Stoorvogel J J. 2012. Coupling the Tradeoff Analysis Model with a market equilibrium model to analyze economic and environmental outcomes of agriculturalproduction systems. Agricultural Systems, 110: 17-29.

Van der Biest K, Vrebos D, Staes J, et al. 2015. Evaluation of the accuracy of land-use based ecosystem service assessments for different thematic resolutions. Journal of Environmental Management, 156: 41-51.

Van Jaarsveld A S, Biggs R, Scholes R J. 2005. Measuring conditions and trends in ecosystem services at multiple scales: the Southern African Millennium Ecosystem Assessment (SAFMA) experience. Philosophical Transactions of the Royal Society B-Biological Sciences, 360 (1454): 425-441.

Viglizzo E F, Paruelo J M, Laterra P, et al. 2012. Ecosystem service evaluation to support land-use policy. Agriculture, Ecosystems and Environment, 154: 78-84.

Vihervaara P, D'Amato D, Forsius M, et al. 2013. Using long-term ecosystem service and biodiversity data to study the impacts and adaptation options in response to climate change: insights from the global ILTER sites network. Current Opinion in Environmental Sustainability, 5 (1): 53-66.

Vogt W. 1948. Road to Survival. New York: Willian Sloan.

Vorstius A C, Spray C J. 2015. A comparison of ecosystem services mapping tools for their potential to support planning and decision-making on a local scale. Ecosystem Services, 15: 75-83.

Wallace K J. 2007. Classification of ecosystem services: problems and solutions. Biological Conservation, 139 (3-4): 235-246.

Wang J F, Wang Y, Zhang J, et al. 2013. Spatiotemporal transmission and determinants of typhoid and paratyphoid fever in Hongta District, China. PLoS Neglected Tropical Diseases, 7 (3): e2112.

Wang J P, Chen L D, Wang Y F. 2010. Research on landscape pattern change in Loess Plateau: current status, issues and trends. Progress in Geography, 29 (5): 535-542.

Wang X C, Dong X B, Liu H M. 2017. Linking land use change, ecosystem services and human well-being: a case study of the Manas River Basin of Xinjiang, China. Ecosystem Services, 27: 123.

Wei W, Chen L D, Fu B J, et al. 2007. The effect of land uses and rainfall regimes on runoff andsoil erosion in the semi-arid loess hilly area, China. Journal of Hydrology, 335 (3/4): 247-258.

Wiens J A, Moss M R. 2005. Issues and Perspective in Landscape Ecology. Cambridge: Cambridge University Press.

WinfreeR. 2013. Global change, biodiversity, and ecosystem services: what can we learn from studies of pollination? Basic and Applied Ecology, 14 (6): 453-460.

Wu J G. 2013. Key concepts and research topics in landscape ecology revisited: 30 years after the Allerton Park workshops. Landscape Ecology, 28 (1): 1-11.

You Z, Li Z B. 2005. The effect of landscape pattern on soil erosion in Loess Plateau catchment-take Huangjia Ercha catchment as an example. Journal of the Graduate School of the Chinese Academy of Sciences, 22 (4): 447-453.

Zhen M G, Cai Q G, Chen H. 2007. Effect of vegetation on runoff-sediment relationship at different spatial scale levels in gullied-hilly area of the Loess Plateau, China. Acta Ecologica Sinica, 27 (9): 3572-3581.

第2章 甘肃白龙江流域简况

本章主要介绍研究区——甘肃白龙江流域的地形地貌、气象、水文、土壤、植被、自然灾害、生态环境要素、人口、社会经济发展等背景信息。

2.1 研究区的地理环境概要

白龙江发源于甘肃碌曲县和四川若尔盖县交界的岷山北麓,是嘉陵江上游最大的支流,也是长江上游水源涵养与水土保持的重要生态区;主要流经甘肃迭部县、宕昌县、舟曲县、武都区、文县和四川若尔盖县、九寨沟县、广元市昭化区,并在昭化区境内与西汉水一起汇合并入嘉陵江。本书选取甘肃省境内的白龙江流域为研究区,即甘肃白龙江流域,该流域(32°36′N~34°24′N,103°30′E~106°0′E)位于甘肃省东南部山区(图2-1),地处青藏高原、秦巴山区和黄土高原南部交错过渡带上,是我国滑坡和泥石流灾害高发区之一(王得楷,1997),其干流长约475km,面积约为18 437.7km²。

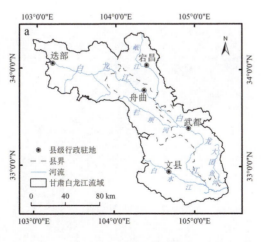

图 2-1 研究区地理位置

2.1.1 地形地貌

由于处在青藏高原向黄土高原、西秦巴山脉过渡的斜坡加剧变形带,甘肃白龙江流域地形错综复杂,总体地势自西北向东南倾伏,山高谷深、沟壑纵横、地势险峻(图 2-2)。流域内西侧和北侧分别是川西高原和西秦岭主体山脉,南侧和东侧逐步过渡为龙门山造山地带,属于侵蚀、剥蚀、强烈切割的平行岭谷式的中高山区(周伟,2012;全永庆和贾贵义,2014;李淑贞,2015)。复杂的地质构造不仅造成出露岩石坚硬程度不一,而且流域内地貌类型复杂多样(图 2-3),有山地、丘陵、

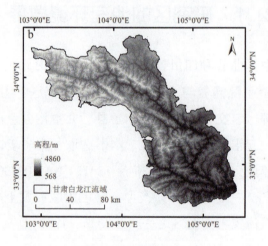

图 2-2 研究区高程

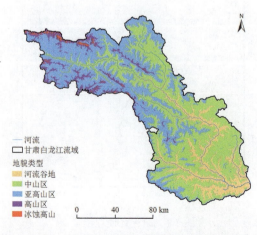

图 2-3 甘肃白龙江流域地貌类型分布图

河谷、盆地、黄土等多种地貌景观（谢余初等，2014；高彦净，2015）。其中，河谷地貌主要是侵蚀堆积河谷，集中分布在相对开阔的一、二级河流阶地，如舟曲-武都段白龙江两岸、岷江和白水江沿岸地带，是主要的农耕区。黄土地貌一般分布在海拔低于2700m的低中山的梁面、沟坡和山间盆地或洼地，并形成黄土梁地、坡地和台地等地貌景观；大部分都已开垦成农田和园地，是重要的水土流失防治区。山地地貌多为侵蚀构造中山和高山，相对高差在500~3000m，主要分布在甘肃白龙江流域西北部和南部（张茂省等，2011；赵彩霞，2013）。

2.1.2 气象水文

甘肃白龙江流域气候属于亚热带向温带交错过渡区，大部分区域属于中纬度副热带季风气候，局部表现为温带大陆性气候特征，同时又具有明显的垂直地带特征。区域气候类型复杂多样，素有"一山有四季，十里不同天"的特征（赵彩霞，2013）。流域上游属高山温带大陆性气候，1月平均气温为-3.76℃，7月平均气温为16.72℃，年降水量约为550mm左右，且集中分布在夏季（5~9月）；中游呈现出干热河谷气候的特点，气温较高，7月平均气温约为24.71℃，降水量相对较小（50~400mm）；下游属亚热带北缘温暖气候，冬夏季风相互交替，冬季干旱无雨、夏季潮湿多雨，年降水量约为760mm，多集中在夏秋季节（约占年降水量的76.8%以上）。整个流域内呈现干冷同季、湿热同期的特征；其年平均气温为2~14.9℃，最热月平均气温为24.8℃，南部气温稍高，北部气温略低；年平均降水量为450~700mm，多集中在6~9月，常表现为高强度的短时暴雨类型，在空间分布上呈现出"两头高、中间低"的格局（图2-4）。在垂直方向上，随着海拔和地形地貌的变化，自下而上逐渐形成暖温—温凉—寒冷等气候垂直带（张晓晓，2014；赵彩霞，2013）。

甘肃白龙江流域河网密布，地表水资源较丰富，水系呈树枝状，且表现出西北—东南向分布格局（图2-5）。甘肃白龙江流域干流多年平均径流总量约为93.8×10^8 m^3/a，多年平均最大流量约$735m^3/s$，枯水期流量为$48.9m^3/s$（高彦净，2015）。长度在100km以上的一级支流主要是文县白水江（204km）、迭部县达拉沟（150km）、宕昌县岷江（108km）和舟曲县拱坝河（100km）（原俊红，2007；刑钊，2012）。

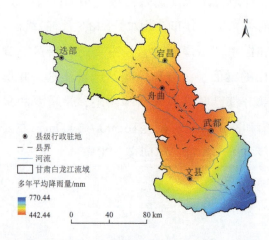

图 2-4　甘肃白龙江流域多年平均降雨量分布特征

图 2-5　甘肃白龙江流域亚流域分布图

2.1.3　土壤特征

研究区土壤类型主要有：棕壤、暗棕壤、淋溶褐土、褐土性土、红黏土、暗棕壤性土、石灰性褐土、高山草甸土、山地草原草甸土、水稻土、浅黑钙土、高山寒漠土等。其中，以棕壤、淋溶褐土、暗棕壤性土、褐土性土等为主，且在水平和垂直方向上均表现一定的分布规律。例如，甘肃白龙江流域中下游海拔540~1400m的地区，土壤呈现黄棕壤（或暗棕壤）—棕壤—褐土的分布规律，在海拔1400~

2000m 的区域表现为棕壤—棕壤与褐土交错区—褐土。在垂直梯度上,上中下游之间土壤分布也略有不同。例如,中游武都牛舍山海拔为 1000~3426m,植被主要为北亚热半湿润至寒冷湿热针、阔混交林,土壤分布表现出海拔 1100m 以下多为潮土、水稻土,海拔 1100~1500m 主要以侵蚀褐土性土为主,海拔 1500~2000m 为石灰性褐土,海拔 2000~2600m 主要分布着淋溶褐土和棕壤,海拔 2600~3000m 多为暗棕壤,海拔 3000m 以上为暗棕壤性土和亚高山灌丛草甸土(甘肃省土壤普查办公室,1993)。对于海拔 3600m 以上的中山和亚高山山地主要分布着高山草甸或石质土或粗骨土等。

2.1.4 植被特征

甘肃白龙江流域森林广布、植物种类丰富,仅木本植物多达 900 种,且是甘肃省油橄榄、花椒、银杏等植物的唯一产地。流域内植被类型包括有温带落叶阔叶林、常绿阔叶林、温带山地针叶林、高寒山地针叶林等。具体地,白龙江南部和东部地区多为落叶阔叶林、常绿落叶阔叶混交林、针阔叶混交林,主要树种为青冈 [*Cyclobalanopsis glauca* (Thunberg) Oersted.]、青杆 (*Picea wilsonii* Mast.)、栎类 (*Quercus*)、油松 (*Pinus tabulaeformis* Carr.)、刺槐 (*Robinia pseudoacacia* Linn.)、山杨 (*Populus davidiana* Dode)、槲栎 (*Quercus aliena* Blume) 及硬阔类乔木,灌丛以杜鹃 (*Rhododendron simsii* Planch.)、金露梅 (*Potentilla fruticosa* Linn.)、硬叶柳灌丛 (*Salix sclerophylla* Anderss.)、马桑 (*Coriaria nepalensis* Wall.)、窄叶鲜卑花灌丛 [*Sibiraea angustata* (Rehd.) Hand.-Mazz.]、蔷薇 (*Rosa multifolora* Thunb) 等为主。流域西北部地区海拔相对较高,主要以冷杉 [*Abies fabri* (Mast.) Craib]、云杉 (*Picea asperata* Mast.) 等树种为主的针叶林和以栎类 (*Quercus*)、杨类 (*Populus*)、杉木类 [*Cunninghamia lanceolata* (Lamb.) Hook.] 等树种为主的针阔混交林,灌丛多为杜鹃、金露梅、山柳 (*Salix pseudotangii* C. Wang et C. Y. Yu) 等高山灌丛(康永祥等,1999;曹秀文和邱祖青,2005;郭正刚等,2003)。同时,流域内植被分布具有明显的垂直特征。一般情况下,海拔 1500m 以下以山地常绿、落叶阔叶林带为主,1500~2100m 为落叶阔叶林,2100~2900m 为针叶、阔叶混交林带,2900~3400m 为亚高山针叶林带,3400m 以上为高山灌丛、高寒草地、裸岩等(康永祥等,1999;郭正刚等,2003;曹秀文和邱祖青,2005)。

2.1.5 灾害与生态环境

甘肃白龙江流域生态环境脆弱，流域内自然灾害频发、种类繁多，其中地质灾害主要以滑坡、泥石流、崩塌和地震为主，气象灾害主要表现为旱灾、霜冻、冰雹、倒春寒，其他灾害主要为土壤侵蚀、水土流失、水灾等。

(1) 滑坡

甘肃白龙江流域滑坡密度大、分布广泛、活动频繁。根据《长江上游陇陕片滑坡-泥石流预警系统的建设与成效》及其他相关文献资料统计，流域内大中型滑坡就有700多处，小型滑坡和崩塌不计其数，仅舟曲县滑坡类地质灾害密度就高达 $0.052/km^2$。在空间上，流域内滑坡主要集中在舟曲—武都段白龙江沿岸及武都区北部、宕昌岷江下游（周伟，2012；孟兴民等，2013；赵洪涛等，2009；李淑贞，2015）。

(2) 泥石流

据研究报道（赵洪涛等，2009；邢钊，2012；宋晓玲等，2014；宁娜，2014），甘肃白龙江流域沟数量达到1400多条，其中较为严重的泥石流沟有176条，每年每条沟暴发泥石流 1~10 次。近年来，泥石流灾害活动频繁，规模大，破坏强，危害高。例如，2000年流域内宕昌北部暴发泥石流，致34人死亡；2010年舟曲县城三眼峪、罗家峪沟暴发特大山洪泥石流灾害，近2000人死亡和失踪，造成重大经济损失；2012年5月流域周边的岷县茶埠镇耳阳沟发生特大型泥石流灾害，不仅冲毁耳阳村、造成440多间房屋受损或毁坏，而且导致59人死亡和失踪，直接经济损失高达72亿元（郭富赟等，2014）。

(3) 地震

甘肃白龙江流域地处我国著名地震活动带——龙门山断裂带北部武都—马边地震带，同时，受松潘—平武地震带直接影响，地震活动频繁而强烈，属Ⅷ地震烈度区（郭鹏等，2015；韩金华，2010）。据记载，历史上曾发生过多次破坏性的地震，其中强烈地震达30余次（文县志编纂委员会，1997；武都县志编纂委员会，1998）。例如，2008年5月12日四川汶川里氏8.0级特大地震灾害（简称"汶川地震"），白龙江流域内震感强烈，受灾严重，区内山体结构与稳定性遭受到极大破坏，并引发潜在滑坡145处、崩塌243处、新生泥石流约14处（郭鹏等，2015）；2013年7月22日流域北面的漳县与岷县交界处（34.5°N，104.2°E）发生里氏6.6级地震（简称7·22地震），造成95人死亡，13个县和100多个乡镇受不同程度的灾害，直接经济损失约232.08亿元（陈冠等，2011）。

(4) 旱灾

由于气象要素变率大，且降水时空分布不均匀，流域内干旱频率相对较高。干旱已成为影响区内农业生产发展的重要灾害之一，且以夏初旱最为严重，其次是伏旱和春旱（文县志编纂委员会，1997；宕昌县志编纂委员会，1995；武都县志编纂委员会，1998；迭部县志编辑委员会，1998）。在行政区划上，以文县、武都区较为突出。例如，1986年入夏后，文县连续发生旱灾，约25个乡镇受灾，粮食作物受灾面积28.46万亩、约占全年粮田播种面积的59.67%，甚至个别乡镇出现无籽种、缺口粮的现象（文县志编纂委员会，1997）。

甘肃白龙江流域大部分是山地，农业生产力低下，土地利用率不高。当地老百姓和政府主要经济来源于农林牧业及资源的开采。近几十年来，人类活动频繁、强度大，是影响区域生态环境可持续发展的重要因素之一，其具体表现在：①乱砍滥伐林木，破坏森林，毁林毁草开垦坡耕地，过度放牧毁坏草地，不仅导致农林牧业的分配比例极不合理，而且加剧了区内水土流失的风险和地质灾害发生的概率。②城区、乡镇和居民点不合理建设与扩张。由于流域内平地少，人口却不断地增长，加之不合理的城乡规划，许多居民住宅区或工矿区盲目地修建在泥石流冲积扇上或挤占河道，致使泥石流正常的疏通道不断变窄、易堵塞，为潜在的泥石流灾害埋下隐患。

2.2 流域社会经济概况

2.2.1 人口与县区简介

甘肃白龙江流域主要包括宕昌县、迭部县、舟曲县、文县和武都区大部分地区，辖属116个乡镇。1990~2012年甘肃白龙江流域人口变化情况见图2-6。至2014年，总人口为133.54万人，农业人口为108.31万人，自然增长率为6.10‰。其中，武都区为陇南市委、市政府所在地，位于甘肃省东南部，地处长江流域嘉陵江水系白龙江中游，秦巴山系结合部，素有"巴蜀咽喉、秦陇锁钥"之称，是甘陕川三省结合部。2014年全区下辖36个乡镇、4个街道办事处，649个村、50个社区，共56.28万人，农业人口占81.7%。国土面积4683km^2，有耕地70.82万亩，有林地和疏林地190多万亩，具有"七山二林一分田"的特点。境内海拔为600~3600m，其河谷地带是油橄榄最佳生长地之一（武都县志编纂委员会，1998）。

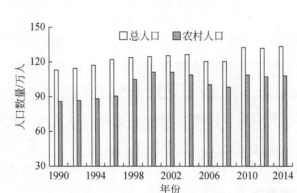

图 2-6　1990~2012 年甘肃白龙江流域人口变化情况

宕昌县地处岷山、黄土高原、西秦岭山延伸交错地带，地势由西北向东南倾斜，南部多深山峡谷，北部多黄土梁峁，境内海拔为 1138~4154m。全县辖员面积 3331km²，辖 6 镇 19 乡 336 个行政村，2015 年总人口 31.94 万，其中农业人口 28.36 万。宕昌县是以种植业、牧业、药材为主的传统农业县，其中当归、党参、红芪、柴胡、大黄等中药材资源尤为丰富（宕昌县志编纂委员会，1995）

文县位于甘、川、陕三省交界处，属秦巴山地，地处西秦岭山脉，南秦岭山带，是新构造运动强烈区，地震活动频繁，地质构造复杂，地表起伏大，岩石裸露，沟壑发育。境内水力、矿产等资源十分丰富。全境为中高山地和河川谷地地貌类型。全县土地总面积 4996km²，辖 4 个镇 16 个乡，总人口约 24.04 万人（2014 年数据），素有"大熊猫故乡"之美誉。

迭部县位于甘肃省甘南藏族自治州东南部。地处秦岭西延岷、迭山山系之间的高山峡谷之中，青藏高原东部边缘甘川交界处。北靠卓尼，东连舟曲，东北与宕昌哈达铺毗邻，西南分别和四川若尔盖县、九寨沟县接壤。县城海拔为 2400m，县域地形自西北向东南倾斜，相对高差最大 2900m，平均坡度 30°~35°。全县土地总面积约 5108.3km²，其中林地面积约占 58.22%，森林覆盖率高达 54.4%；全县辖 12 个乡 52 个行政村 243 个村民小组，大部分地区是少数民族聚居区和民族杂居区，藏族占总人口的 85% 以上（迭部县志编辑委员会，1998）。

舟曲县地处南秦岭山地，境内重峦叠嶂、沟壑纵横，岷山山系呈东南—西北走向贯穿全境，海拔为 1173~4504m。全县总面积 3010km²，辖 4 个镇、15 个乡，208 个行政村，403 个自然村，人口约 14.20 万人（2016 年数据），境内森林资源丰富，林地面积达 82 353.3hm²，宜林荒山荒坡面积 23 969.33hm²（甘肃省舟曲县地方史志编纂委员会,2010;甘肃农村年鉴编委会,2009;甘肃发展年鉴,2015)。

2.2.2 经济发展概况

近 20 多年来,甘肃白龙江流域经济持续增长,至 2014 年流域内各县区国民经济总量约为 149.56 亿元,其中武都区贡献最大,约占 57%,迭部县最小,仅占 7%(图 2-7)。农业经济稳步发展,其农业产值逐渐增加,农民人均纯收入也明显增长。同时,农作物分布格局也具有一定的规律性,河谷、川坝和盆地区域土壤肥沃、气候温暖、人口密集,农作物主要以小麦、水稻、茶叶、花椒、蔬菜瓜果、油橄榄等粮食作物和经济作物为主。半山二阴地区是农牧或农牧业的交错地带,耕地多分布在流域北部或东北部的黄土丘陵地带,以玉米、豆类、小麦、马铃薯等作物及中药材较为常见。高山阴湿地区主要分布在高山脊岭地带,阴湿多雨,主要种植洋麦、马铃薯、青稞等粮食作物及当归、党参、黄芪等药材,单位产量相对较低(甘肃农村年鉴编委会,2009;甘肃发展年鉴编委会,2013)。同时,区内矿产资源丰富,铅、金、锌、铁、锰、锑、铜、硅、重晶石、石膏等金属和非金属矿藏储量可观。

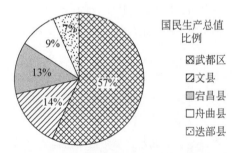

图 2-7 甘肃白龙江流域各县区国民生产总值所占比例

参 考 文 献

曹秀文,邱祖青.2005.甘肃省白龙江林区木本药用植物资源的多样性.经济林研究,23(3):5-10.
陈冠,孟兴民,郭鹏,等.2011.白龙江流域基于 GIS 与信息量模型的滑坡危险性等级区划.兰州大学学报(自然科学版),47(6):1-6.
宕昌县志编纂委员会.1995.宕昌县志.兰州:甘肃文化出版社.
迭部县志编辑委员会.1998.迭部县志.兰州:兰州大学出版社.
甘肃发展年鉴编委会.2013.甘肃发展年鉴 2013.北京:中国统计出版社.
甘肃发展年鉴编委会.2015.甘肃发展年鉴 2015.北京:中国统计出版社.

甘肃农村年鉴编委会.2009.甘肃农村年鉴2009.北京:中国统计出版社.

甘肃省土壤普查办公室.1993.甘肃土壤.北京:农业出版社.

甘肃省舟曲县地方史志编纂委员会.2010.舟曲县志(1991-2006).北京:方志出版社.

高彦净.2015.基于CASA模型的植被NPP时空动态研究.兰州:兰州大学硕士学位论文.

郭富赞,孟兴民,尹念文,等.2014.甘肃省岷县耳阳沟"5·10"泥石流基本特征及危险度评价.兰州大学学报(自然科学版),50(5):628-632.

郭鹏,孟兴民,薛亚婷,等.2015.汶川地震对白龙江流域地质灾害的影响——以武都区构林坪为例.兰州大学学报(自然科学版),51(3):313-319.

郭正刚,刘慧霞,孙学刚,等.2003.白龙江上游地区森林植物群落物种多样性的研究.植物生态学报,27(3):388-395.

韩金华.2010.基于GIS的白龙江流域泥石流危险性评价研究.兰州:兰州大学硕士学位论文.

康永祥,李景侠,曲式曾,等.1999.白龙江流域木本植物区系研究.西北林学院学报,14(3):20-27.

李淑贞.2015.白龙江地区断裂构造与滑坡分布及发生关系研究.兰州大学学报(自然科学版),51(2):145-152.

孟兴民,陈冠,郭鹏,等.2013.白龙江流域滑坡泥石流灾害研究进展与展望.海洋地质与第四纪地质,33(4):1-14.

宁娜.2014.白龙江流域不同尺度泥石流危险性评价技术研究.兰州:兰州大学硕士学位论文.

全永庆,贾贵义.2014.白龙江流域甘肃段地质灾害特征.地质学刊,38(4):676-681.

宋晓玲,郭富赞,谢煜.2014.陇南市招待所沟泥石流危险度评价及防治.兰州大学学报(自然科学版),50(5):639-644.

王得楷.1997.甘肃省长江流域泥石流特征浅析.中国地质灾害与防治学报,8(1):76-82.

文县志编纂委员会.1997.文县志.兰州:甘肃人民出版社.

武都县志编纂委员会.1998.武都县志.郑州:生活·读书·新知三联书店.

谢余初,巩杰,赵彩霞.2014.甘肃白龙江流域水土流失的景观生态风险评价.生态学杂志,33(3):702-708.

邢钊.2012.基于信息熵与AHP模型的白龙江流域泥石流危险性评价.兰州:兰州大学硕士学位论文.

原俊红.2007.白龙江中游滑坡堵江问题研究.兰州:兰州大学硕士学位论文.

张茂省,黎志恒,王根龙,等.2011.白龙江流域地质灾害特征及勘查思路.西北地质,44(3):1-9.

张晓晓.2014.白龙江中上游水文气象要素变化特征分析及径流影响因素研究.兰州:兰州大学硕士学位论文.

赵彩霞.2013.甘肃白龙江流域生态风险评价.兰州:兰州大学硕士学位论文.

赵洪涛,李霞,王得楷,等.2009.甘肃省主要自然灾害危险性评价研究.甘肃科学学报,21(1):85-87.

周伟.2012.基于Logistic回归和SINMAP模型的白龙江流域滑坡危险性评价研究.兰州:兰州大学硕士学位论文.

第 3 章　数据来源与主要研究方法

地理数据是反映地理特征或现象的"地理现实",是地理信息的载体。研究方法是指在研究中发现新现象、新事物,或提出新理论、新观点,揭示事物内在规律的工具和手段。本章主要介绍本书采用的主要数据及其来源、主要研究方法等。

3.1　数据获取与处理

3.1.1　DEM 数据

本书使用的数字高程模型（digital elevation model, DEM）是空间分辨率为 30m 的 ASTER GDEM 数据,来源于地理空间数据云网站（http://www.gscloud.cn/）。研究中该数据可以用于提取亚流域、坡度、坡向、沟壑密度等地形因子及海拔等级区间分类等,主要在 ArcSWAT 和 ArcMAP 平台中进行。

3.1.2　土地利用与植被类型数据库

1）植被类型数据：来源于侯学煜院士主编的《1:100 万中国植被类型图集》（2001 年）,可通过对植被类型图进行配准、校正、裁剪、数字化等处理后获得（图 3-1）。

2）土地利用数据：主要通过 Landsat TM/ETM+ 影像解译并进行野外验证校对后获得,其遥感影像数据来源于美国地质调查局（http://www.usgs.gov/）和国际科学数据服务平台（http://dem.datamirror.csdb.cn/）,其分辨率为 30m,共 12 期,时段分别为 1990 年 7 月、2002 年 8 月和 2014 年 8 月。预处理过程主要包括对影像进行辐射校正、几何校正、波段融合、图像镶嵌与裁剪等过程。根据土地利用/土地覆被变

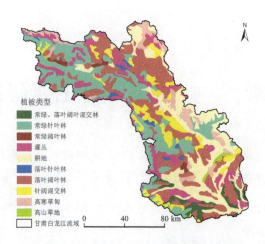

图 3-1　甘肃白龙江流域植被类型分布图

化分类标准与甘肃白龙江流域实际情况,将研究区土地利用划分为 6 个大类:耕地、林地、草地、水域(湖泊、河流、水库、坑塘等)、建设用地(居民点、工矿用地、城镇)和未利用地(裸岩、荒滩、沙地、高山积雪等)。另外收集流域内各县区土地利用类型变更数据、甘肃省 2000 年土地利用类型分布图(1∶10 万,来源于国家自然科学基金委员会/国家地球系统科学数据平台——寒区旱区科学数据中心,网址为 http://westdc.westgis.ac.cn/),以及甘肃白龙江流域植被类型图。在此基础上,根据研究需要对土地利用类型进一步细分,建立相对应的数据库。

3) NDVI 数据:来源于 MOD13Q1 数据,其空间分辨率 250m,时间分辨率为 16 天,可通过国际科学数据服务平台(http://www.cnic.cas.cn/)下载得到。利用 ArcGIS 的 Spatial Analysis 模块对其进行年最大值分析,拼接和裁剪处理即可得到 2000~2014 年甘肃白龙江流 NDVI 数据(图 3-2)。其次,利用 Landsat TM/ETM+遥感数据,根据公式(3-1)计算获得 1990~1999 年的 NDVI 值。

$$NDVI = (NIR - R)/(NIR + R) \tag{3-1}$$

式中,R、NIR 分别为红光波段和近红外波段的反射率。

4) 林业资源调查数据:主要来源于研究区内各县区森林资源二类调查数据。

3.1.3　气象数据

本书选取甘肃白龙江流域及其周边 17 个气象站点 1981~2014 年的逐月平均气温

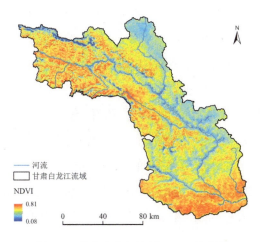

图 3-2　甘肃白龙江流域 NDVI 分布图

(℃)、逐月降水量（mm）及月平均日照时数等气象要素数据。数据主要来自甘肃省气象局、白龙江流域各市县气象局和中国气象科学数据共享服务网（http://cdc.nmic.cn/）。根据各气象站点信息，利用 ArcGIS 空间分析工具对气温和降水等数据进行空间插值，以获取不同时期的空间分布图；同时，用于分析甘肃白龙江流域内干旱程度、降水侵蚀力、潜在蒸散量（图 3-3）等。

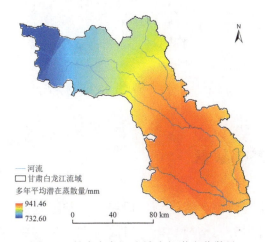

图 3-3　甘肃白龙江流域多年潜在蒸散量

3.1.4　土壤数据

土壤数据主要包括土壤类型分布数据和土壤属性数据。首先，甘肃白龙江流域土壤类型分布数据是在甘肃1∶100万土壤类型图基础上通过配准、裁剪、数字化后获得，该数据由甘肃省土壤肥料工作站提供。土壤属性数据主要有土壤容重、粒度、土壤水分、有机碳含量、氮磷含量等，主要通过野外采样和实验分析获得，即根据土壤类型与植被分布情况，合理地布设样点，挖掘土壤剖面或用土钻采集土样，然后在室内分析相关指标。其中，容重采用铝盒烘干法测定，粒度主要是在Mastersize2000粒度仪中分析，土壤水分主要采用便携式TDR300（时域反射仪）野外观测获得。其次，查询中国土壤数据库网站（http：//www.soil.csdb.cn/）和相关文献资料。即根据白龙江流域各土壤亚类，从中国土壤数据库中选择甘肃白龙江流域及周边省市的同种土壤亚类的土壤属性数据，然后取其平均值。图3-4为甘肃白龙江流域土壤类型分布图。

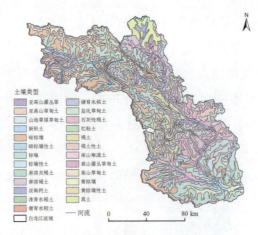

图 3-4　甘肃白龙江流域土壤类型分布图

3.1.5　其他地理基础数据

主要包括县市行政区划、乡镇区划、居民点、交通道路、水系、地形图、滑坡点位数据、典型泥石流沟分布情况、生态风险分布图等基础地理和灾害数据，以及前人研究的相关成果。

3.1.6　社会经济数据

社会经济方面的数据主要包括人口、国内生产总值（gross domestic product，

GDP)、三大产值比例、耕地面积、主要农作物产量及面积、农业生产条件、水利水库建设、物价、城乡收入等,主要来源于流域内各县区政府部门和相关统计年鉴资料,如《甘肃统计年鉴》(1984~2014年)、《甘肃农村统计年鉴》(1990~2010年)、《甘南州年鉴》(1990~2012年)、《甘肃物价调查统计年鉴》(2007~2011年)以及流域内各县区统计年鉴,如《武都区统计年鉴》《舟曲县统计年鉴》《宕昌县统计年鉴》等。

3.1.7 野外调研与访谈

野外实地调研工作主要包括收集相关数据、对土地利用解译结果的验证、样带布设并采集土壤样品与调查植被种类、进行农户调查与访谈。图3-5为甘肃白龙江流域土壤采样点分布图。图3-6展示了甘肃白龙江流域不同植被景观类型的野外调查场景。

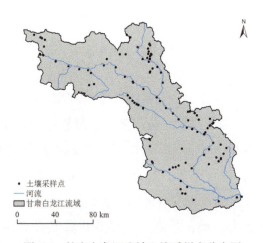

图3-5 甘肃白龙江流域土壤采样点分布图

图 3-6　甘肃白龙江流域不同植被景观类型的野外调查

3.2　主要研究方法简介

流域景观格局与生态系统服务时空变化研究是本书的核心内容。本书采用的研究方法主要有景观格局分析方法——Fragstats、生态系统服务评估方法——InVEST 模型、空间自相关分析、地理探测器、GeoDa 等。

3.2.1　景观格局分析方法——Fragstats 软件简介

景观格局主要是指构成景观的生态系统或土地利用/覆被类型的形状、比例和空间配置（傅伯杰等，2011）。景观格局是许多生态过程长期作用的产物，景观格局决定生态过程，同时，景观格局对生物个体、种群或生态系统的影响作用差别很大（肖笃宁和李秀珍，2003；傅伯杰等，2011）。如何定量地分析景观格局是景观生态学的一个重要且具有挑战性的议题（Wiens，1988）。

景观格局分析方法分为两类：景观空间格局指数和景观格局分析模型。数据主要来源于基于遥感、地理信息系统获得的各种地理图件和实地调查数据等。主要的分析工具有 Fragstats、各种景观模型、生态学/地理学/数学/物理学方法等（傅伯杰等，2011），上述方法为建立景观结构与功能过程的相互关系，预测景观变化提供了有效手段。

Fragstats（Fragment Statistic 的缩写）是一款为揭示分类图的分布格局而设计的、计算多种景观格局指数的桌面软件程序。最早由俄勒冈州立大学的 McGarigal 和 Marks 于 1995 年研发（版本 v2.0），后经不断完善修改，目前已经发布了版本 v 4.2。该软件已经广泛用于景观格局指数分析研究中。

Fragstats 软件的景观格局指数计算都是基于景观斑块的面积、周长、数量和距离等几个基本指标进行的。所计算的指数包括 3 个等级,即景观斑块、景观类型、景观整体以及它们的邻接关系。常用的景观格局指数有:面积/密度/边界(area/density/edge)、形状(shape)、核心面积(core area)、隔离/邻近(isolation/proximity)、对比(contrast)、蔓延/散布(contagion/interspersion)、连通性(connectivity)和多样性(diversity)等。每个类别又包括很多具体的指数。详细信息可见 http://www.umass.edu/landeco/research/fragstats/fragstats.ht-ml。

3.2.2 生态系统服务评估方法

目前国内外对生态系统服务研究的方法主要包括 3 种:①价值量评估法——采用各种直接或间接的办法对生态系统提供服务功能的经济价值进行评价(Farber et al.,2002;Pagiola,2008;Liu et al.,2010);②模型评估法——主要以地理信息系统和遥感为支撑,利用生态系统评估模型,对生态系统提供服务的多少进行评价(Brown et al.,2007;Hu et al.,2015;Liu et al.,2010);③定量指标法——针对不同的生态系统服务,设计相应的简要算法以确定其量值,强调方法在表达空间单元生态系统服务能力的准确性和实用性,而不以生态系统服务的精确估算和模拟为目的(吕一河等,2013)。本书选用的主要评估方法有生态系统服务价值估算法(如功能价值法和当量因子法)和 InVEST 模型评估法等。

3.2.2.1 生态系统服务价值估算方法

由于 InVEST 模型中食物生产功能模块尚处于测试中,加之考虑到区域食物生产服务主要是由农田生态系统中的农作物产量来决定的。因此,本书主要采用生态系统服务价值估算法,结合 InVEST 模型方法等来开展。

目前,尽管国内外就生态系统服务价值的评估方法开展了大量的研究工作(Costanza et al.,1997,2014;谢高地等,2003,2015),但尚未形成一套统一的评估体系(李文华等,2009;谢高地等,2015),方法的不同也导致研究结果之间存在较大差异,从而限制了对生态系统服务功能及其价值的客观认知。总的来说,当前生态系统服务功能价值核算可以大致分为两类,即基于单位服务功能价格的方法(简称功能价值法)(赵同谦等,2004;王兵和鲁绍伟,2009;谢高地等,2015)和基于单位面积价值当量因子的方法(简称当量因子法)(Costanza et al.,1997;谢高地等，2003）。功能价值法即基于生态系统服务功能量的多少和功能量的单位价格得到总价值，此类方法通过建立单一服务功能与局部生态环境变量之间的生产方程来模拟小区域的生态系统服务功能（Kareiva and Marvier，2003；Robertson and Swinton，2005）。但是该方法的输入参数较多、计算过程较为复杂，更为重要的是对每种服务价值的评价方法和参数标准也难以统一（李文华等，2009）。当量因子法是在区分不同种类生态系统服务功能的基础上，基于可量化的标准构建不同类型生态系统各种服务功能的价值当量，然后结合生态系统的分布面积进行评估（Costanza et al.，1997，2014；谢高地等，2003，2015）。相对基于功能价值量的评价方法，当量因子方法在实际应用中较为简单、直观易用，数据需求少，易于操作且结果便于比较，可以实现对生态系统服务价值的快速核算，特别适用于区域和全球尺度生态系统服务价值的评估（Costanza et al.，2014；Wang et al.，2014；谢高地等，2015），但当量因子表的准确构建是当量因子法的核心（谢高地等，2015）。

本书中流域生态系统食物生产服务主要从两个方面来开展。一是基于统计资料的农田食物生产服务功能评估，主要是依据研究区各县区的统计资料获得农田单位面积产量来指征食物生产能力的高低。二是基于改进后的 Costanza 等（1997，2014）和谢高地等（2003，2015）提出的当量因子法来计算获得流域食物生产服务，在估算时考虑到了生态系统服务价值区域间的差异性和同类生态系统的空间异质性，即地理要素的区位差异、资源稀缺性和社会发展水平的差异（石惠春等，2013；粟晓玲等，2006；徐丽芬等，2012；李博等，2013；李晓赛等，2015）。详细的计算和分析过程见第五章。

3.2.2.2 生态系统服务模型评估法——InVEST 模型简介

InVEST（integrated valuation of ecosystem services and trade-offs，InVEST）模型是由斯坦福大学、大自然保护协会（The Nature Conservancy，TNC）和世界自然基金会（World Wide Fund for Nature，WWF）共同开发的、免费开源的、可用于量化多种生态系统服务功能（如碳储存、生物多样性、土壤保持、水体净化、木材收获管理等）的生态系统服务功能综合评价模型（吴哲等，2013；黄从红，2014；Tallis et al.，2013）。InVEST 模型通过特定的生产方程，量化不同土地利用或景观类型下生态系统服务的供给状况，进而对利益相关者所需服务和价值进行评估，以地图的形式将结果展现出来，旨在指导利益相关者在政策制定和制度选择时，将自然资本或生态系统服务纳入到环境管理和可持续发展规划决策体系中，促进社会经济目标与自然、环境保护协调发展（Tallis et al.，2013；Guerry et al.，2012；Nelson et al.，2010）。同时，利用模型的方法是对复杂问题的简化处理过程，不仅能快速简便地量化评估生态系统服务功能，而且有助于发现生态系统服务的本质（Polasky et al.，2011；韩晋榕，2013）。因此，InVEST模型不仅适于对多目标及多服务的系统进行分析评估（Leh et al.，2013；李双成等，2014），而且已应用于土地利用规划、海洋空间计划、战略环境评估、生态系统服务功能评价、气候适应策略和减缓抵偿交易等领域（吴哲等，2013；黄丛红，2014；李双成等，2014；唐尧等，2015；Leh et al.，2013；Tallis et al.，2013）。

InVEST模型对每种生态系统服务评估的设计一般分为0层（tier 0）、1层（tier 1）、2层（tier 2）和3层（tier 3）四个层级。0层级模型评估结果为相对价值，多用于分析服务供给或需求程度的分布情况，即关键区域的识别，不能进行价值评估；1层级和2层级模型均为绝对价值，可通过一系列方法进行评估，其生态系统服务评价结果相对精确，区别在于1层级侧重于生态服务功能产出（即实物量），2层级则侧重于生态服务功能价值评估（即价值量）；3层级是各种相关复杂模型的综合应用，更为精准地估算各项生态系统服务，尤其是当有回馈信息和阈值的复杂生态系统服务功能间存在交互情况时（Tallis et al.，2013；Guerry et al.，2012；杨园园，2012）。目前，InVEST模型仍处在不断改进和完善中，0层级和1层级模型较成熟，2层级和3层级模型尚在研发测试阶段，且算法较复杂、数据需求多（Tallis et al.，2013；Guerry et al.，2012；黄丛红，2014；唐尧等，2015）。从内容上，InVEST模型包括生态系统支持服务、生态系最终服务评估、生态系统服务分析工具和辅助工具四大模块，每个大模块又由若干不同的子模块组成；每一个小模块当中又根据实际的需求分成不同方向的评估项目，具体如图3-7。

InVEST模型不仅能较好地分析和评估生态系统服务功能，而且许可决策者创建未来不同情景权衡生态系统服务，以利于对土地资源的管理与规划，具有更广泛的社会科学跨学科知识研究（Kareiva and Marvier，2011）。

3.2.3 空间自相关分析-Moran's I 指数

空间自相关分析最初可能起源于生物计量学研究，已成为理论地理学的基本方法之一。空间自相关分析（spatial autocorrelation analysis）用来检验空间变量的取值是否与相邻空间上该变量的取值大小有关，是指一些变量在同一个分布区内的观测

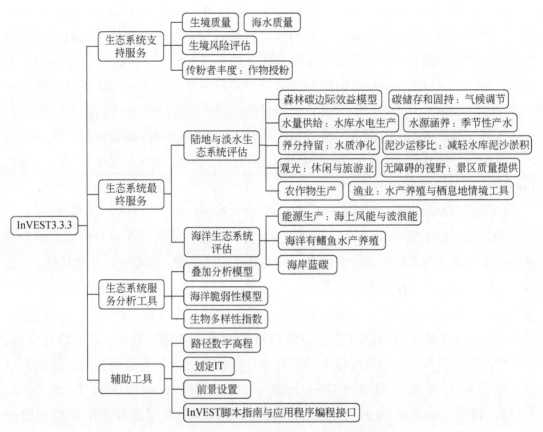

图 3-7　InVEST3.3.3 模型结构框架与模块示意图

数据之间潜在的相互依赖性。如果某空间变量在一点上的取值大，而同时在其相邻点上取值也大的话，则为空间正相关；反之，称为空间负相关。

　　常见的空间自相关指数包含全局空间自相关指数和局部空间自相关指数。全局空间自相关指数用于研究整个区域的空间关联模式，检验邻近地区间的相似性或独立性。局部空间自相关指数可以揭示空间参考单元属性特征值之间的相似性或相关性，识别空间聚集和空间孤立，探测空间异质等。常用的空间自相关指数有两种，一种是 Moran's I 指数，另一种是 Geary C 系数。

　　本书采用了全局 Moran's I 指数和局部 Moran's I 指数。

3.2.4　地理探测器

　　地理探测器是探测空间分异性，以及揭示其背后驱动因子的一种新的统计学方法（王劲峰和徐成东，2017）。地理探测器已被运用于从自然到社会十分广泛的领域，如土地利用（Ju et al.，2016；蔡芳芳和濮励杰，2014）、公共健康（Huang et al.，2014；Liao et al.，2016；Wang et al.，2013）、区域经济与区域规划（刘彦随和杨忍，2012；徐秋蓉和郑新奇，2015）、生态与环境（Zhang et al.，2016；Liang and Yang，2016）等领域。其研究区域大到国家尺度，小到一个乡镇尺度。在这些应用中，地理探测器主要被用来分析各种现象的驱动力和影响因子以及多因子交互作用。

地理探测器的核心思想是基于以下假设：如果某个自变量对某个因变量有重要影响，那么自变量和因变量的空间分布应该具有相似性（Wang et al.，2010）。地理分异可用分类算法来表达，例如环境遥感分类；也可以根据经验确定，例如胡焕庸线。地理探测器擅长分析类型量，而对于顺序量、比值量或间隔量，只要进行适当的离散化（Cao et al.，2013），也可以利用地理探测器对其进行统计分析。因此，地理探测器既可以探测数值型数据，也可以探测定性数据，这正是地理探测器的一大优势。地理探测器的另一个独特优势是探测两因子交互作用于因变量。交互作用一般的识别方法是在回归模型中增加两因子的乘积项，检验其统计显著性。然而，两因子交互作用不一定就是相乘关系。地理探测器通过分别计算和比较各单因子 q 值及两因子叠加后的 q 值，可以判断两因子是否存在交互作用，以及交互作用的强弱、方向、线性还是非线性等。两因子叠加既包括相乘关系，也包括其他关系，只要有关系，就能检验出来。

地理探测器可以在 3 方面使用（王劲峰和徐成东，2017）：① 度量给定数据的空间分异性；② 寻找变量最大的空间分异；③ 寻找因变量的解释变量。

地理探测器使用步骤如下。

1）数据的收集与整理：这些数据包括因变量 Y 和自变量数据 X。自变量应为类型量；如果自变量为数值量，则需要进行离散化处理。离散可以基于专家知识，也可以直接等分或使用分类算法如 K-means 等。

2）将样本 (Y, X) 读入地理探测器软件，然后运行软件，结果主要包括 4 个部分：① 比较两区域因变量均值是否有显著差异；② 自变量 X 对因变量的解释力；③ 不同自变量对因变量的影响是否有显著的差异；④ 这些自变量对因变量影响的交互作用。

地理探测器探测两变量 Y 和 X 的关系时，对于面数据（多边形数据）和点数据，有不同的处理方式。

GeoDetector 是用 Excel 编制的地理探测器软件，可从以下网址免费下载：http://www.geodetector.org/。

3.2.5 空间分析软件——GeoDa 简介

GeoDa 是一个设计实现栅格数据探求性空间数据分析的软件工具集合体的最新成果。它向用户提供一个友好的和图示的界面用以描述空间数据分析，比如自相关性统计与异常值指示、局部空间自相关、空间协方差、全局空间自相关空间计量经济学等。GeoDa 的设计包含一个由地图和统计图表相联合的相互作用的环境，使用强大的连接窗口技术。该软件可在微软 Windows 系统下运行，而不需要特定的地理信息技术系统。

更多详细信息可见于：https://spatial.uchicago.edu/geoda-web。

参 考 文 献

蔡芳芳，濮励杰. 2014. 南通市城乡建设用地演变时空特征与形成机理. 资源科学，36（4）：731-740.
傅伯杰，陈利顶，马克明，等. 2011. 景观生态学原理及应用. 2 版. 北京：科学出版社.
韩晋榕. 2013. 基于 InVEST 模型的城市扩张对碳储量的影响分析. 长春：东北师范大学硕士学位论文.
黄从红. 2014. 基于 InVEST 模型的生态系统服务功能研究. 北京：北京林业大学硕士学位论文.
李博，石培基，金淑婷，等. 2013. 石羊河流域生态系统服务价值的空间异质性及其计量. 中国沙漠，33（3）：943-951.
李双成，王珏，朱文博，等. 2014. 基于空间与区域视角的生态系统服务地理学框架. 地理学报，69（11）：1628-1639.
李文华，张彪，谢高地. 2009. 中国生态系统服务研究的回顾与展望. 自然资源学报，24（1）：1-10.
李晓赛，朱永明，赵丽，等. 2015. 基于价值系数动态调整的青龙县生态系统服务价值变化研究. 中国生态农业学报，23（3）：373-281.
刘彦随，杨忍. 2012. 中国县域城镇化的空间特征与形成机理. 地理学报，67（8）：1011-1020.
吕一河，张立伟，王江磊. 2013. 生态系统及其服务保护评估：指标与方法. 应用生态学报，24（5）：1237-1243.
石惠春，师晓娟，刘鹿，等. 2013. 兰州城市生态系统服务价值评估方法与结果比较. 中国人口·资源与环境，23（2）：30-35.
粟晓玲，康绍忠，佟玲. 2006. 内陆河流域生态系统服务价值的动态估算方法与应用——以甘肃河西走廊石羊河流域为例. 生态学报，26（6）：2011-2019.
唐尧，祝炜平，张慧，等. 2015. InVEST 模型原理及其应用研究进展. 生态科学，34（3）：204-208.

王兵, 鲁绍伟. 2009. 中国经济林生态系统服务价值评估. 应用生态学报, 20 (2): 417-425.

王劲峰, 徐成东. 2017. 地理探测器: 原理与展望. 地理学报, 72 (1): 116-134.

吴哲, 陈歆, 刘贝贝, 等. 2013. InVEST模型及其应用的研究进展. 热带农业科学, 33 (4): 58-62.

肖笃宁, 李秀珍. 2003. 景观生态学的学科前沿与发展战略. 生态学报, 23 (8): 1615-1621.

谢高地, 鲁春霞, 冷允法, 等. 2003. 青藏高原生态资产的价值评估. 自然资源学报, 18 (2): 189-196.

谢高地, 张彩霞, 张雷明, 等. 2015. 基于单位面积价值当量因子的生态系统服务价值化方法改进. 自然资源学报, 30 (8): 1243-1254.

徐丽芬, 许学工, 罗涛, 等. 2012. 基于土地利用的生态系统服务价值当量修订方法——以渤海湾沿岸为例. 地理研究, 31 (10): 1775-1784.

徐秋蓉, 郑新奇. 2015. 一种基于地理探测器的城镇扩展影响机理分析法. 测绘学报, 44 (S1): 96-101.

杨园园. 2012. 三江源区生态系统碳储量估算及固碳潜力研究. 北京: 首都师范大学硕士学位论文.

赵同谦, 欧阳志云, 贾良清, 等. 2004. 中国草地生态系统服务功能间接价值评价. 生态学报, 1 (6): 1101-1110.

Brown T C, Bergstrom J C, Loomis J B. 2007. Defining, valuing, and providing ecosystem goods and services. Natural Resources Journal, 47 (2): 329-376.

Cao F, Ge Y, Wang J F. 2013. Optimal discretization for geographical detectors-based risk assessment. GIScience and Remote Sensing, 50 (1): 78-92.

Costanza R, Arge R, de Groot R, et al. 1997. The value of the world's ecosystem services and natural capital. Nature, 387 (6630): 253-260.

Costanza R, de Groot R, Sutton P, et al. 2014. Changes in the global value of ecosystem services. Global Environmental Change, 26: 152-158.

Farber S C, Costanza R, Wilsonet M A. 2002. Economic and ecological concepts for valuing ecosystem services. Ecological Economics, 41: 375-392.

Guerry A D, Ruckelshaus M H, Arkema K K, et al. 2012. Modeling benefits from nature: using ecosystem services to inform coastal and marine spatial planning. International Journal of Biodiversity Science, Ecosystem Services and Management, 8: 107-121.

Hu H T, Fu B J, Lu Y H, et al. 2015. SAORES: a spatially explicit assessment and optimization toll for regional ecosystem services. Landscape Ecology, 30 (3): 547-560.

Huang J X, Wang J F, Bo Y C, et al. 2014. Identification of health risks of hand, foot and mouth disease in China using the geographical detector technique. International Journal of Environmental Research and Public Health, 11: 3407-3423.

Ju H R, Zhang Z X, Zuo L J, et al. 2016. Driving forces and their interactions of built-up land expansion based on the geographical detector—a case study of Bejing, China. International Journal of Geographical Information Science, 30 (11): 2188-2207.

Kareiva P, Marvier M. 2003. Conserving biodiversity coldspots. American Scientist, 91: 344-351.

Leh M D, Matlock M D, Cummings E C, et al. 2013. Quantifying and mapping multiple ecosystem services change in West Africa. Agriculture, Ecosystem and Environment, 165: 6-18.

Liang P, Yang X P. 2016. Landscape spatial patterns in the Maowusu (Mu Us) sandy land, northern China and their impact factors. Catena, 145: 321-333.

Liao Y L, Wang J, Du W, et al. 2016. Using spatial analysis to understand the spatial heterogeneity of disability employment in China. Transactions in GIS, 21 (4): 647-660.

Liu S, Costanza R, Farber S, et al. 2010. Valuing ecosystem services: theory, practice and the need for a transdisciplinary synthesis. Annals of the New York Academy of Sciences, 1185 (1): 54-78.

Nelson E, Sander H, Hawthorne P, et al. 2010. Projecting global land-use change and its effect on ecosystem service provision. PLoS ONE, 5 (12): e14327.

Pagiola S. 2008. Payments for environmental services in Costa Rica. Ecological Economics, 65 (4): 712-724.

Polasky S, Nelson E, Pennington D, et al. 2011. The impact of land use changes on ecosystem services, biodiversity and returns to landowners: a case study in the State of Minnesota. Environmental and resource economics, 48: 219-242.

Robertson G P, Swinton S M. 2005. Reconciling agricultural productivity and environmental integrity: a grand challenge for agriculture. Frontiers in Ecology and the Environment, 3: 38-46.

Tallis H T, Ricketts T, Nelson E, et al. 2013. InVEST 2.5.4 User's Guide. Stanford: The Natural Capital Project.

Wang J F, Li X H, Christakos G, et al. 2010. Geographical detectors-based health risk assessment and its application in the neural tube defects study of the Heshun region, China. International Journal of Geographical Information Science, 24 (1): 107-127.

Wang J F, Wang Y, Zhang J, et al. 2013. Spatiotemporal transmission and determinants of typhoid and paratyphoid fever in Hongta District, China. PLoS Neglected Tropical Diseases, 7 (3): e2112.

Wang W J, Guo H C, Chuai X W, et al. 2014. The impact of land use changes on the temporal-spatial variations of ecosystems services value in China and an optimized land use solution. Environmental Science and Policy, 44: 62-72.

Wiens J A. 1988. The Analysis of Landscape Patterns: Interdisciplinary Seminar in Ecology. Fort Collins: Colorada State University.

Zhang N, Jiang Y C, Liu C Y, et al. 2016. A cellular automaton model for grasshopper population dynamics in Inner Mongolia steppe habitats. Ecological Modelling, 329: 5-17.

第4章 流域景观格局时空变化研究

近年来，随着景观生态学的发展，景观格局及其动态变化研究已成为景观生态学的研究热点和重要研究领域（傅伯杰等，2001；肖笃宁，1991；陈康娟和王学雷，2002；杨英宝等，2005；宁龙梅等，2005）。景观格局的研究不仅是景观生态学的核心内容，也是景观生态评价、景观生态设计与管理等应用研究的基础（彭茹燕等，2001）。流域是一个完整的自然地理单元，流域内景观格局是在自然与人类活动的长期相互作用过程中演变而成的。对流域景观格局的研究，是揭示流域生态状况、空间变异性特征以及与生态过程相关的区域资源环境问题的有效手段。因此，本章的主要内容是分析甘肃白龙江流域土地利用与景观格局时空变化、景观破碎化时空分异及其影响因子、景观破碎化的空间分异等，揭示流域景观格局的时空变化规律，为流域景观管理提供基础资料。

4.1 甘肃白龙江流域景观类型时空变化

4.1.1 数据来源与研究方法

4.1.1.1 数据来源

甘肃白龙江流域景观类型图的数据来自 Landsat TM/ETM+遥感数据，时间为1990年、2002年和2014年，空间分辨率为30m，时相为7~8月。根据 LUCC 分类标准和甘肃白龙江流域实际情况，将景观类型分为耕地、林地、草地、水域、居民工矿用地和未利用地6类，经实地验证与比对，数据解译整体精度达84%以上，满足本研究的要求。

4.1.1.2 研究方法

(1) 单一土地利用动态度

单一土地利用动态度是表征不同土地利用类型在一定时间段内变化速度的指标,反映人类活动对单一土地利用类型的影响(王秀兰和包玉海,1999;宋开山等,2008;冯永玖和韩震,2010)。计算公式为

$$K_i = \frac{S_{it_2} - S_{it_1}}{S_{it_1}} \times \frac{1}{t_2 - t_1} \times 100\% \tag{4-1}$$

式中,i 为土地利用类型;t_1、t_2 为研究时间点;K_i 为 t_1 到 t_2 时段内 i 类土地利用类型动态度;S_{it_1}、S_{it_2} 为 t_1、t_2 时间 i 类土地利用类型面积(km²)。

(2) 综合土地利用动态度

综合土地利用动态度是表征土地利用类型变化速度的指标,反映人类活动对流域土地利用类型变化的综合影响(刘纪远等,2002,2009)。以流域内各县(区)为研究单元求得综合土地利用动态度,并在 ArcGIS 中进行可视化分析,分级方法采用 Natural Breaks。计算公式为

$$S = \left[\sum_{i=1}^{n} (\Delta S_{i-j}/S_i) \right] \times \frac{1}{t} \times 100\% \tag{4-2}$$

式中,i 为土地利用类型,本研究中 $n=6$;S 为研究时段内流域的综合土地利用动态度;ΔS_{i-j} 为初期至末期第 i 类土地利用类型转换为其他类土地利用类型面积的总和(km²);S_i 为初始时间第 i 类土地利用类型总面积(km²);t 为土地利用变化时间段。

(3) 土地利用面积转移

土地利用面积转移矩阵可表征区域土地利用变化的结构特征,揭示人类活动下的土地利用变化方向和面积。该方法来源于系统分析中对系统状态与状态转移的定量描述,可反映在一定时间间隔下,一个亚稳定系统从 T 时刻向 $T+1$ 时刻状态转化的过程,从而可以更好地表述土地利用格局的时空演化过程(全斌,2010),其数学表达形式为

$$\mathbf{S}_{ij} = \begin{bmatrix} S_{11} & S_{12} & \cdots & S_{1n} \\ S_{21} & S_{22} & \cdots & S_{2n} \\ \cdots & \cdots & \cdots & \cdots \\ S_{n1} & S_{n2} & \cdots & S_{nn} \end{bmatrix} \tag{4-3}$$

式中,$\mathbf{S}_{ij}$ 为研究初期与末期的土地利用状态;n 为土地利用的类型数。

(4) 土地利用程度

土地利用程度以其综合指数来表征,它可反映人类活动所影响的主要地类,揭示人类活动对土地的开发程度。研究以流域内的县(区)为单元,计算1990年、2002年和2014年土地利用程度综合指数和土地利用程度综合变化指数,并对土地利用程度综合变化指数可视化分析,分级方法采用 Natural Breaks。土地利用程度综合指数计算公式为(王秀兰和包玉海,1999):

$$I = 100 \times \sum_{j=1}^{k} A_j \times C_j \tag{4-4}$$

同时土地利用程度综合变化指数可定量表征流域内土地利用的综合水平和变化趋势,计算公式为(全斌,2010;刘纪远和布和敖斯尔,2000):

$$\Delta I_{b-a} = I_b - I_a = \left\{ \left(\sum_{j=1}^{k} A_j \times C_{jb}\right) - \left(\sum_{j=1}^{k} A_j \times C_{ja}\right) \right\} \times 100 \tag{4-5}$$

式中,j 为土地利用类型分等级数,本研究中 $k=4$;I 为研究区域的土地利用程度综合指数;A_j 为第 j 等级土地利用程度分级指数;C_j 为第 j 等级的土地利用程度面积百分比;ΔI_{b-a} 为土地利用程度综合变化指数;I_a、I_b 为时间 a 和时间 b 研究区域的土地利用程度综合指数;C_{ja}、C_{jb} 为时间 a 和时间 b 第 j 等级的土地利用程度面积百分比;100 为将指数扩大100倍,使差异变大,对比性变强。

其中,A_j 取值根据刘纪远(1996)提出的土地利用程度的综合分析方法,将土地利用类型整合为未利用地级、林草地水用地级、农业用地级和城镇聚落用地级4级,分别将其指数设定为1、2、3、4,值越高,表示人类活动强度越高,反之则较低。

4.1.2 流域景观类型变化速度

4.1.2.1 单一景观类型变化速度

1990~2014年,各景观类型面积及其速度表现出不同的变化特点(图4-1)。具体来看,草地和未利用地面积持续减少,且二者变化速度均呈增长趋势:1990~2002年草地和未利用地的减少速度分别为0.2%和0.14%,而2002~2014年其减少速度分别为1.38%和0.99%;居民工矿用地面积增加,变化速度亦呈增长趋势:1990~2002年居民工矿用地的增加速度为2.69%,而2002~2014年其增加速度已达5.55%,约为前一时段的2倍;耕地面积先增后减:增加速度为2.28%,减少速度为 2.90%；林地和水域面积先减后增，减少速度为 0.59% 和 1.44%，增加速度为 2.57% 和 7.57%。

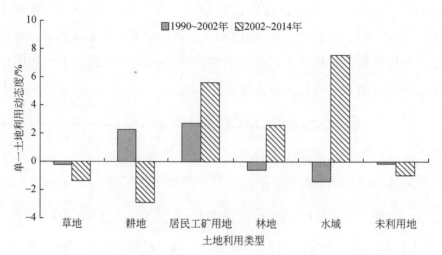

图 4-1　1990~2014 年甘肃白龙江流域各景观类型变化速度

4.1.2.2　流域景观类型变化速度

1990~2014 年，流域的景观类型变化速度大幅增加，反映人类活动对景观类型变化的影响进一步加强。从各研究时段分析，1990~2002 年的流域综合土地利用动态度为 10.24%，而 2002~2014 年其增长至 17.59%，与前一时段相比，增幅为 71.77%。

由于人类活动的区域差异性直接表现于景观类型变化上，而县（区）可以集中反映人类活动的区域差异性，因此，流域内各县（区）为单元探究景观类型变化对人类活动的响应更为重要。从表 4-1 可知，1990~2002 年，各县（区）的综合土地利用动态度介于 8.84%~13.08%；2002~2014 年，各县（区）的综合土地利用动态度介于 13.60%~21.46%，各县（区）综合土地利用动态度以不同程度增加，增加幅度由大到小依次为：文县>武都区>宕昌县>迭部县>舟曲县。

表 4-1　甘肃白龙江流域 1990~2014 年各县（区）综合土地利用动态度　　（单位：%）

研究时段	武都区	宕昌县	文县	舟曲县	迭部县
1990~2002 年	13.08	10.85	8.84	12.59	9.04
2002~2014 年	19.70	16.34	21.46	15.11	13.60

4.1.3 流域景观类型转移

1990~2014年，甘肃白龙江流域的景观类型变化以草地、耕地和林地的空间转换为主，研究时段不同，表现出的景观类型转移特点亦不同（表4-2和图4-2）。具体到单个研究时段上来看，1990~2002年，草地的转入和转出面积分别为1805.7km²、1977km²，差值较小（171.3km²）；耕地的转入和转出面积分别为1113.98km²、376.95km²，差值最大（737.03km²）；林地的转入和转出面积分别为1051.57km²、1615.04km²，差值较大（563.47km²），3种景观类型的主要转移特点为：草地转耕地，林地转草地，耕地面积大增，林地面积大减，草地面积变动较小。同时居民工矿用地面积增加，水域和未利用地面积减少。2002~2014年，草地的转入和转出面积分别为2066.67km²、3232.2km²，差值较大（1165.53km²）；耕地的转入和转出面积分别为638.24km²、1834.82km²，差值较大（1196.58km²）；林地的转入和转出面积分别为2993.56km²、725.67km²，差值最大（2267.89km²），3种景观类型的主要转移特点为：草地转林地，耕地转草地，林地面积大增，草地和耕地面积几乎等程度减少。同时居民工矿用地面积继续增加，未利用地面积继续减少，水域面积有所增加。

表4-2 1990~2014年甘肃白龙江流域土地利用变化面积转移矩阵　　　（单位：km²）

研究时段	地类	草地	耕地	居民工矿用地	林地	水域	未利用地
1990~2002年	草地	5233.16	928.88	5.69	1008.43	5.53	28.47
	耕地	302.34	2320.94	24.74	40.56	9.30	0.01
	居民工矿用地	1.07	10.79	59.32	0.25	0.52	0.00
	林地	1453.87	150.27	1.50	6313.38	1.86	7.54
	水域	7.23	23.40	3.92	1.08	71.06	0.00
	未利用地	41.19	0.64	0.00	1.25	0.00	379.54
2002~2014年	草地	3806.66	533.08	17.23	2610.35	41.22	30.32
	耕地	1339.01	1600.10	80.34	351.58	54.69	9.20
	居民工矿用地	15.74	14.68	55.39	2.78	6.45	0.13
	林地	631.05	75.33	2.59	6639.28	10.23	6.47
	水域	15.32	10.55	2.83	3.77	55.53	0.27
	未利用地	65.55	4.60	0.14	25.08	0.36	319.83

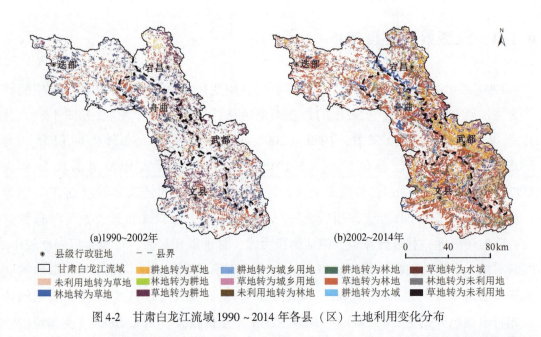

图 4-2　甘肃白龙江流域 1990~2014 年各县（区）土地利用变化分布

以县（区）为单元进行分析可知，流域内各县（区）的景观类型转移特点与整个流域的转移特点基本符合，但各县（区）的转移程度差异明显（图 4-2）。具体来看，1990~2002 年，草地转耕地主要分布在宕昌县北部、武都区中北部以及文县中北部；林地转草地分布较为分散［图 4-2（a）］。2002~2014 年，草地转林地几乎分布于流域内的所有县（区），以文县和迭部县最为显著；耕地转草地主要分布在武都区，文县次之［图 4-2（b）］。

4.1.4　流域景观类型利用程度变化

1990~2014 年流域的景观类型开发程度由强转弱，各县（区）表现不同，且差异逐渐变大。由表 4-3 可知，1990~2002 年，流域内各县（区）的土地利用程度综合变化指数为正值，介于 1.38~6.65，表明研究末期耕地和居民工矿用地面积增大程度大于林地和草地面积减少程度；2002~2014 年仅有迭部县的景观类型利用程度综合变化指数为正值（0.17），其余各县（区）均为负值，介于 -15.43~-1.00，表明研究末期耕地和草地面积减少程度大于林地和居民工矿用地面积增加程度，与 1990~2002 年相比，2002~2014 年流域内县（区）之间的景观类型利用开发程度差异明显增加。

表 4-3　甘肃白龙江流域 1990～2014 年各县（区）土地利用程度综合变化指数

研究时段	武都区	宕昌县	文县	舟曲县	迭部县
1990~2002 年	6.65	5.18	6.29	2.47	1.38
2002~2014 年	-15.43	-3.50	-8.50	-1.00	0.17

4.1.5　讨论

景观类型变化由多种因素共同作用产生，如 1990~2002 年，人口数量快速增长，在农业科技欠发达的条件下，人类仅能通过开垦荒地和砍伐森林等来进行农业扩张，以满足人类基本的生存和发展需求，相应地也会出现过度放牧和滥砍滥伐的现象，在这样的人类活动驱动下，流域土地利用呈现耕地面积增加，林地和草地面积减少的主要特点，如此粗放式的土地利用方式造成该时段流域内生态环境破坏严重。2002~2014 年，人口数量虽继续增加，但流域内生态环境却逐渐恢复，这主要与退耕还林（还草）政策、天然林保护工程、长江流域防护林体系工程建设、公益林工程建设等大型生态建设工程的实施密切相关；此外，科学技术的进步、产业结构调整、移民搬迁与安置、新农村建设等也在一定程度上影响着流域的人类活动；在人类活动的影响下，流域景观类型呈现耕地面积大减、林地面积大增的主要特点。这与其他干旱区土地利用变化驱动因子是人口、政策、经济和科技的结论（马晴等，2014；雷诚和张永福，2009）一致。

随着国家政府部门对生态恢复工程的逐渐重视，以及近年来依旧出现的草场退化、土壤沙化和盐碱化等生态环境问题，深入探讨区域内景观类型变化与人类活动的响应关系成为景观类型变化研究中的重要分支。通过该研究，可以从景观类型变化角度定性分析某一时段的人类活动情况，在完全明晰人类活动对景观类型甚至是生态环境影响的前提下，所制定的一系列生态恢复政策才更具可操作性。值得一提的是，人类活动的定量化分析及人类活动的调控幅度研究将是下一步的深入探讨突破的重点。

4.2　甘肃白龙江流域景观破碎化与驱动因子分析——基于地理探测器

景观破碎化是指自然或人文因素干扰所导致的景观由简单趋向于复杂的过程，

即景观由单一、均质和连续的整体趋向于复杂、异质和不连续的斑块镶嵌体（王宪礼等，1996），它直接影响着景观中生物多样性、能量流动、物质循环等生态特征与过程，是导致土地退化、生态系统服务功能弱化及生物多样性减少的主要原因（Liu et al.，2009）。因此，景观破碎化越来越受到学者们的关注，成为景观生态学重要的研究热点之一（王宪礼等，1996）。近年来，国内外学者一直致力于景观破碎化研究，主要集中在景观破碎化时空格局特征及其驱动因子研究（刘红玉等，2005；黄青等，2007；李文杰等，2013）、对生物多样性（吴春燕和郝建锋，2011）与栖息地（Juliana and Ferenc，2017；Lillie et al.，2017；刘红玉等，2007）的影响研究以及景观破碎化对生态系统过程和功能的影响研究（Mitchell et al.，2015；刘珍环等，2010）等方面。其中，景观破碎化的驱动因子研究不仅可以深入了解其成因，而且可以建立景观结构特征与内外部驱动作用的动力联系，并为其动态预测奠定基础（阿斯卡尔江·司迪克，2010）。国外对景观破碎化驱动因子研究主要是向比较方向发展，侧重于对比同一因子影响下不同区域景观破碎化过程之间的差异性，同时对各驱动因子进行细化与量化，重视人文因子对景观破碎化的驱动作用（Hersperger and Bürgi，2007）；国内则侧重于针对某一区域的景观破碎化驱动因子分析。

概括来讲，景观破碎化驱动因子的研究方法主要分为定性描述和定量分析，定性分析方法粗糙，仅能表征景观破碎化与各因子驱动关系的发展趋势（陈雪梅，2014），难以明晰驱动因素在多大程度上影响景观的破碎化程度；定量方法主要是采用相关性分析、主成分分析、灰度关联分析、经典回归模型等，此类方法主观性较强，未能定量分析各驱动因子在景观破碎化中的相互作用（协同作用、拮抗作用或相互独立）（刘吉平等，2017）。

地理探测器是探测空间分异并揭示其背后驱动因子的一组统计学方法，它基于空间数据特有的空间分异性，在度量了空间分异度的同时，挖掘空间分异性所隐含的独特信息（王劲峰和徐成东，2017），它的优势是可以定量分析景观破碎化各驱动因子之间的相对重要性；探测各驱动因子的交互作用；驱动因子既可以是定量因子，也可以是定性因子（刘吉平等，2017）。目前，地理探测器因其独特优势已被应用于土地利用、区域经济、公共卫生、环境污染等多个领域（陈昌龄等，2016；刘彦随和杨忍，2012），但在景观破碎化中的应用报道少见。

4.2.1 数据来源与研究方法

4.2.1.1 数据来源

甘肃白龙江流域景观类型图数据的时间分别为 1990 年、2002 年和 2014 年,来源于 Landsat TM/ETM+ 遥感数据,空间分辨率为 30m,时相为 7~8 月。预处理过程主要包括了对影像进行辐射校正、大气校正、几何配准、波段融合、图像镶嵌与裁剪等过程。根据 LUCC 分类标准和甘肃白龙江流域实际情况,基于 ArcGIS 10.3 平台目视解译将土地利用类型分为耕地、林地、草地、水域、居民工矿用地和未利用地 6 类,经野外验证和高分辨率遥感影像检验,数据解译整体精度达 84% 以上,满足本研究的要求。

DEM 是 30m 的 ASTER GDEM 数据,来源于地理空间数据云网站,用于提取坡度、坡向及海拔等级区间分类等;人类活动强度通过人口密度、居民点、耕地面积和道路 4 个因子计算得到(张玲玲,2016)。

4.2.1.2 研究方法

(1) 景观格局指数比较法

基于 Fragstats 软件,在景观水平上进行景观格局指数的计算,以描述甘肃白龙江流域景观破碎化的整体特征。参考相关文献(汤萃文等,2009;王艳芳和沈永明,2012;胡苏军等,2012;付刚等,2017;巩杰等,2015)并结合研究区实际情况,选取边缘密度(ED)、蔓延度(CONTAG)、香农多样性(SHDI)和分离度(DIVISION)表征流域景观的破碎化程度。各景观格局指数计算公式和生态学意义参见文献(邬建国,2007)。

(2) 网格分析法及普通克里格插值

为了直观反映流域 1990~2014 年 3 个时期景观格局指数的空间变化特征,采用网格分析法揭示景观格局指数的区域差异。参考前人研究(张玲玲等,2014;李栋科等,2014;刘吉平等,2016),依据流域范围,本文网格大小采用 12km×12km。具体分析过程是:先运用 ArcGIS 10.3 生成大小为 12km×12km 网格,将流域共划分为 129 个网格,后采用 Fragstats 软件计算不同时期各网格的景观格局指数,并基于 GS+10 和 ArcGIS 10.3 地统计模块对各景观格局指数进行普通克里格插值,得到不同时期流域各景观格局指数空间分布图。

(3) 地理探测器

地理探测器主要由风险探测、因子探测、生态探测和交互探测组成（王劲峰和徐成东，2017），它是探测空间分异性以及揭示其背后驱动力的一组统计学方法。地理探测器擅长分析类型量，而对于顺序量、比值量或间隔量，只要进行适当的离散化，也可以利用地理探测器对其进行统计分析。因此，地理探测器既可以探测数值型数据，也可以探测定性数据，这正是地理探测器的一大优势。地理探测器的另一个独特优势是探测两因子交互作用于因变量（Wang et al.，2010；Wang and Hu，2012）。模型的公式表达如下。

$$q = 1 - \frac{1}{N\sigma^2}\sum_{i=1}^{L} N_i\sigma_i^2 \tag{4-6}$$

式中，q 为某指标的空间异质性，$q \in [0, 1]$；N 为研究区全部样本数；σ_i^2 为指标的方差；$i = 1, 2, \cdots, L$，i 表示分区，L 表示分区数目。q 的大小反映了空间分异的程度，q 值越大，表示空间分层异质性越强，反之则空间分布的随机性越强。当 $q = 0$ 时指示研究对象不存在空间异质性；当 $q = 1$ 时指示完美的空间异质性。

为了揭示流域景观破碎化空间分异的驱动因子，运用地理探测器的方法开展景观破碎化（分析变量）与驱动因子之间的空间关联关系。构建分析变量的具体操作为：基于 ArcGIS 10.3 平台，创建 1000 个随机点以代表总体，并依据随机点分别在各景观格局指数插值图中提取数值，然后导入 SPSS 进行主成分分析得到一个新的综合变量来表示流域景观破碎化；驱动因子主要是高程、坡度、坡向、土地利用类型和人类活动强度等。

4.2.2 流域景观破碎化的基本特征

1990~2014 年甘肃白龙江流域景观格局指数的变化规律表明，流域景观破碎化程度先增加后降低（表 4-4）。由表 4-4 可以看出，1990~2014 年流域景观的边缘密度（ED）和香农多样性（SHDI）呈先增后减的变化趋势，表明流域景观在边缘形状上由不规则向规则发展，景观类型的多样化程度先增强后减弱；景观蔓延度（CONTAG）呈先减后增的态势，表明流域景观中不同斑块类型的团聚程度由弱到强，CONTAG 越高，说明景观中有连通性较高的优势斑块存在，连接性较好，反之则存在较多的小斑块，破碎化程度较高；景观分离度（DIVISION）呈微弱下降趋势。

综合分析表明，1990~2002年流域景观破碎化程度有所增加，2002~2014年景观破碎化程度降低。

表 4-4　甘肃白龙江流域景观水平的景观格局指数

年份	边缘密度 ED/(m/km²)	蔓延度指数 CONTAG/%	香农多样性 SHDI	景观分离度 DIVISION
1990	28.42	62.16	1.15	0.98
2002	29.25	61.00	1.19	0.97
2014	22.36	63.83	1.12	0.95

一般地，景观破碎化受人类活动影响，县（区）行政单元尺度可以更好反映人类活动及其对景观破碎化的影响。由图 4-3 可以看出，1990~2002年，流域内各县（区）景观格局指数 ED 有增有减，武都区、文县和宕昌县均有不同程度增加，增加幅度为：武都区>文县>宕昌县，迭部县和舟曲县呈略微下降趋势；景观格局指数 CONTAG 在各县（区）中均有不同程度的减少，减少幅度为：文县>舟曲县>迭部县>武都区>宕昌县；仅武都区的景观格局指数 SHDI 呈略微下降趋势（-0.0008），其余县（区）均为增加趋势，增加幅度为：文县>舟曲县>迭部县>宕昌县；仅武都区和宕昌县的景观格局指数 DIVISION 呈略微下降趋势（-0.0023 和-0.0047），其余县（区）均为增加趋势，增加幅度为：舟曲县>文县>迭部县。综合分析发现，1990~2002年文县和武都区的景观破碎化程度显著增加。

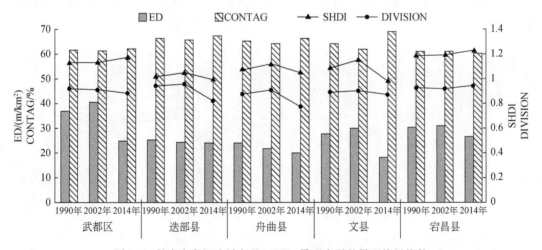

图 4-3　甘肃白龙江流域各县（区）景观水平的景观格局指数

2002～2014年，流域内各县（区）景观格局指数ED均有不同程度减少，减少幅度为：文县>武都区>宕昌县>舟曲县>迭部县，且文县和武都区的减少幅度远高于其他县（区）；仅宕昌县的景观格局指数CONTAG呈略微下降趋势（−0.4495），其余县（区）均为增加趋势，增加幅度为：文县>舟曲县>迭部县>武都区；仅武都区和宕昌县的景观格局指数SHDI呈略微增加趋势，其余县（区）均为减少趋势，减少幅度为：文县>舟曲县>迭部县；景观格局指数DIVISION仅宕昌县呈现略微增加的趋势，其余县（区）均为减少趋势，减少幅度为：舟曲县>迭部县>文县>武都区。综合分析发现，2002～2014年文县的景观破碎化程度显著降低。

4.2.3 流域景观格局指数的空间分异

（1）边缘密度（ED）

甘肃白龙江流域边缘密度（ED）空间分布情况如图4-4。1990年流域ED高值区主要为武都区及文县东部，低值区主要为迭部县东南、舟曲县西部及文县南部[图4-4（a）]；2002年宕昌县中心地带发展为ED高值区，同时武都区及文县东部ED显著提高[图4-4（b）]；2014年ED几乎无高值区，中值区主要分布在宕昌县北部、武都区南部及迭部县西北，与2002年相比，武都区北部及中部、宕昌县南部及文县东部的ED大幅减少[图4-4（c）]。总体来说，1990～2014年，ED剧烈变化区主要是流域东南部，如武都区和文县；宕昌县南部变化也十分明显，其余各县变化不显著。

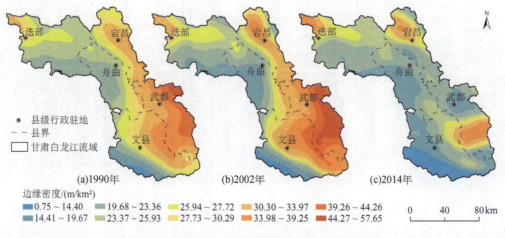

图4-4 甘肃白龙江流域边缘密度（ED）空间分布

(2) 蔓延度 (CONTAG)

甘肃白龙江流域蔓延度 (CONTAG) 空间分布情况如图 4-5。1990 年流域 CONTAG 高值区与低值区在空间上交错分布,低值区主要分布在武都区大部、文县东部和宕昌县中部及南部 [图 4-5 (a)]; 2002 年流域 CONTAG 低值区的分布面积明显增加,尤其是武都区和文县大部,其余各县变化不显著 [图 4-5 (b)]; 2014 年 CONTAG 出现高值区,主要在文县南部,同时其余各县 (区) 的 CONTAG 均有一定程度增加,且高值区的分布面积相比 2002 年相对扩大 [图 4-5 (c)]。总体来说,1990~2014 年,CONTAG 在各县 (区) 均有较明显变化,但流域东南部的变化最为剧烈和复杂。

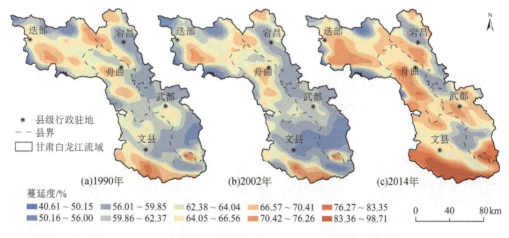

图 4-5 甘肃白龙江流域蔓延度 (CONTAG) 空间分布

(3) 香农多样性 (SHDI)

甘肃白龙江流域香农多样性 (SHDI) 空间分布情况如图 4-6。1990 年流域 SHDI 高值区沿河流分布,低值区主要为文县南部、迭部县西南及宕昌县西北缘 [图 4-6 (a)]; 2002 年 SHDI 高值区由 1990 年的条状分布延展成为面状 [图 4-6 (b)]; 2014 年 SHDI 高值区与 2002 年相比显著减少 [图 4-6 (c)]。总体来说,1990~2014 年,流域绝大部分地区 SHDI 剧烈变化,尤其是文县。

(4) 分离度 (DIVISION)

甘肃白龙江流域分离度 (DIVISION) 空间分布情况如图 4-7,可以发现,DIVISION 的空间分布与 SHDI 较为相似。1990 年流域 DIVISION 高值区呈现条状分布的格局特征,低值区主要为文县南部和宕昌县北缘 [图 4-7 (a)]; 2002 年 DIVISION

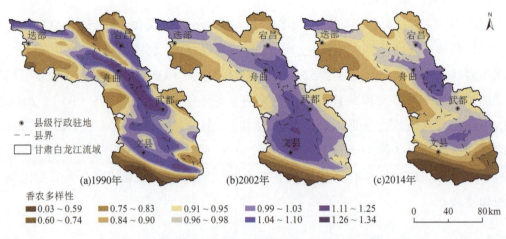

图 4-6 甘肃白龙江流域香农多样性（SHDI）空间分布

高值区由 1990 年的条状分布延展成为面状 [图 4-7（b）]；2014 年 SHDI 高值区与 2002 年相比显著减少 [图 4-7（c）]。总体来说，1990~2014 年，流域绝大部分地区 DIVISION 剧烈变化，尤以文县变化剧烈。

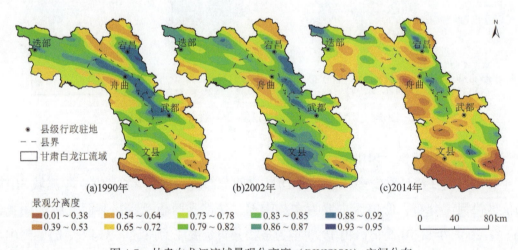

图 4-7 甘肃白龙江流域景观分离度（DIVISION）空间分布

综合分析景观格局指数 ED、CONTAG、SHDI 和 DIVISION 的空间分布规律表明，1990~2014 年流域东南部（以文县和武都区为主）的景观破碎化程度先增强后减弱，其变化最为剧烈和复杂。

4.2.4 流域景观破碎化空间分异的驱动因子分析

本研究通过景观格局指数 ED、CONTAG、SHDI 和 DIVISION 表征研究区景观破碎化，由于其在反映景观破碎化的信息中存在一定重叠，因此使用主成分分析将其重新组合成一组新的互不相关的综合变量以表征流域景观破碎化，并将该综合变量作为地理探测器的分析变量；同时，对各驱动因子（高程、坡度、坡向、土地利用类型和人类活动强度）进行分区处理，导入地理探测器运算。

甘肃白龙江流域景观格局指数的主成分分析结果见表4-5。1990年、2002年和2014年的KMO检验值分别为0.697、0.684和0.834，并且Bartlett检验显著性均为0.000。从理论上来说，1990年、2002年和2014年的景观格局指数均可做主成分分析，但考虑到公因子方差的提取程度、初始特征值和KMO大小，本书选取最适宜做主成分分析的2014年作为研究年份开展进一步分析（表4-5）。由表4-5知，2014年的景观格局指数在主成分分析后，第一主成分特征值为3.261，可以解释原变量的81.525%，并且在第一主成分中，CONTAG、SHDI 和 DIVISION 对流域景观破碎化的影响权重达到0.9以上，ED也达到0.849，说明了选取第一主成分表征流域景观破碎化的合理性，并在SPSS中简单计算，得出表征景观破碎化的综合变量表达式：$F=(-0.51)\times Z_{CONTAG}+0.50\times Z_{SHDI}+0.47\times Z_{ED}+0.52\times Z_{DIVISION}$，其中，$F$为景观破碎化综合变量；$Z_{CONTAG}$、$Z_{SHDI}$、$Z_{ED}$和$Z_{DIVISION}$为CONTAG、SHDI、ED和DIVISION标准化后的数值。

表4-5 甘肃白龙江流域景观格局指数的主成分分析

年份	KMO	Bartlett检验（sig）	景观格局指数	公因子方差		成分	初始特征值		景观格局指数	主成分
				初始	提取		合计	方差的%		1
1990	0.697	0.000	CONTAG	1.000	0.692	1	2.756	68.908	CONTAG	−0.832
			SHDI	1.000	0.842	2	0.739	18.485	SHDI	0.918
			ED	1.000	0.482	3	0.383	9.572	ED	0.695
			DIVISION	1.000	0.740	4	0.121	3.035	DIVISION	0.860
2002	0.684	0.000	CONTAG	1.000	0.585	1	2.611	65.283	CONTAG	−0.765
			SHDI	1.000	0.734	2	0.712	17.796	SHDI	0.857
			ED	1.000	0.573	3	0.467	11.669	ED	0.757
			DIVISION	1.000	0.719	4	0.210	5.252	DIVISION	0.848

续表

年份	KMO	Bartlett检验（sig）	景观格局指数	公因子方差 初始	公因子方差 提取	成分	初始特征值 合计	初始特征值 方差的%	景观格局指数	主成分 1
2014	0.834	0.000	CONTAG	1.000	0.844	1	3.261	81.525	CONTAG	−0.918
			SHDI	1.000	0.811	2	0.364	9.090	SHDI	0.901
			ED	1.000	0.720	3	0.251	6.282	ED	0.849
			DIVISION	1.000	0.886	4	0.124	3.104	DIVISION	0.941

地理探测器的分析变量构建完成后，对各驱动因子进行分区，具体的分区方法、数目及区段说明见表4-6。

表4-6 地理探测器的驱动因子分区说明

驱动因子	分区方法	分区数	区段说明
高程	前人研究（张影等，2016）	1~8	1，≤1000m；2，1000~1500m；3，1500~2000m；4，2000~2500m；5，2500~3000m；6，3000~3500m；7，3500~4000m；8，>4000m
坡度	前人研究（张影等，2016）	1~9	1，0°~5°；2，5°~10°；3，10°~15°；4，15°~20°；5，20°~25°；6，25°~30°；7，30°~35°；8，35°~40°；9，>40°
坡向	ArcGIS自动分类	1~10	1，Flat；2，North；3，Northeast；4，East；5，Southeast；6，South；7，Southwest；8，West；9，Northwest；10，North
土地利用类型	LUCC一级分类系统	1~6	1，耕地；2，林地；3，草地；4，水域；5，居民工矿用地；6，未利用地
人类活动强度	Natural Breaks	1~5	1，0.02~0.06（弱）；2，0.06~0.13（较弱）；3，0.13~0.22（一般）；4，0.22~0.32（较强）；5，0.32~0.57（强）

（1）生态探测

生态探测可以比较各驱动因子间对分析变量空间分异的影响是否有显著差异（王劲峰和徐成东，2017）。由表4-7可知，从对景观破碎化空间分异的作用角度出发，土地利用类型和人类活动强度均与高程、坡度和坡向之间存在显著差异，土地利用类型与人类活动强度之间不存在显著差异，高程、坡度和坡向相互之间均不存在显著差异。这表明人类干扰和地形因子对景观破碎化空间分异的影响显著不同。

表4-7 地理探测器的生态探测

驱动因子	高程	坡度	坡向	土地利用类型	人类活动强度
高程					
坡度	N				

续表

驱动因子	高程	坡度	坡向	土地利用类型	人类活动强度
坡向	N	N			
土地利用类型	Y	Y	Y		
人类活动强度	Y	Y	Y	N	

注：N=No，表示两个因子之间没有显著差异；Y=Yes，表示两个因子之间有显著差异。

（2）因子探测

因子探测可以探测各驱动因子多大程度上解释了分析变量的空间分异（雷诚和张永福，2009）。由表4-8可知，人类活动强度、土地利用类型和高程在不同程度上均解释了景观破碎化的空间分异，而由于人类活动强度和土地利用类型的 q 统计值远高于高程，因此表明人类干扰对景观破碎化空间分异的解释能力高于高程。

表 4-8 地理探测器的因子探测

驱动因子	高程	坡度	坡向	土地利用类型	人类活动强度
q 统计值	0.0304	0.0186	0.0102	0.1220	0.1536
p 值	0.000	0.0190	0.3450	0.000	0.000

（3）交互探测

交互探测可以识别不同驱动因子之间共同作用是否增加或减弱对分析变量的解释力，或这些因子对分析变量的影响是相互独立的（王劲峰和徐成东，2017）。由表4-9可知，任何两种驱动因子对景观破碎化空间分异的交互作用都要大于一个驱动因子单独作用。就对景观破碎化空间分异的影响而言，人类活动强度与高程的交互作用影响最强，与土地利用类型的交互作用次之。高程、坡度和坡向与土地利用类型或人类活动强度发生交互作用时对景观破碎化空间分异的影响显著增强，这在一定程度上表明人类干扰对流域景观破碎化的空间分异起到重要作用。

表 4-9 地理探测器的交互探测

驱动因子	高程	坡度	坡向	土地利用类型	人类活动强度
高程	0.0304				
坡度	0.1006	0.0186			
坡向	0.0998	0.0966	0.0102		
土地利用类型	0.1734	0.1460	0.1525	0.1220	
人类活动强度	0.3558	0.1747	0.1916	0.2601	0.1536

4.2.5 讨论

1) 1990～2002 年甘肃白龙江流域东南部的景观破碎化程度远高于西北部及中部，其原因主要有：①流域东南部主要是农耕区，人口密度较大，人类活动对景观的干扰相对较强，而西北部为牧业区，人类对景观的干扰相对较弱；②随着时间的推移，流域人口逐渐增多，耕地需求量不断上涨，而流域东南部的山前平原、低丘及河谷带更易开发转变为耕地。人们的无节制开垦、过度放牧和樵采以及道路网络建设等加剧了流域景观破碎化（李栋科等，2014）。2002～2014 年流域东南部景观破碎化程度明显减弱，其主要的原因是：①流域农业生产活动趋于有序且呈规模化；②山间川地或低坡地生产力的提高以及山下农业生态系统"造血"能力的增强使农作物增产增收；③退耕还林（还草）政策使得陡坡耕地大面积退耕转变为林草地；④新农村建设使人类居住用地高密度集中起来，这在一定程度上减弱了流域的景观破碎化程度。

2) 地理探测器是一种评价地理事物及其驱动因子之间关系的空间分析模型，主要通过地理事物空间分异与驱动因子空间分异二者空间分布的一致性检验，探讨驱动因子对地理事物空间分异的作用。运用地理探测器探讨景观破碎化的驱动因子虽有独特优势，但也存在一定缺陷。例如，较难解释驱动因子之间交互作用的机理；驱动因子的分类或分级方法定性成分较大；连续型驱动因子的离散化处理无明确标准，其结果直接影响着地理探测器运算结果的精度。因此受地理探测器本身局限性的影响，还不能很好解决各驱动因子交互作用机理及对地理探测器运行结果的合理验证，在以后的研究中将改进地理探测器模型以开展更为深入的研究。

3) 景观格局变化过程在不同时空尺度下的研究显示它们不是孤立的，大尺度过程是小尺度景观格局变化及其相互作用累积的结果，小尺度过程会受大尺度过程制约，不同尺度下的主导驱动因子均不相同。本章仅以 2014 年为例探测了研究区景观破碎化的驱动因子，今后应当对多个年份开展研究以揭示主要驱动因子及其驱动作用强度在时序上的变化规律。还有，本章仅从 12km×12km 这个尺度探讨了景观破碎化的时空分异特征及其驱动因子，以后将深入研究不同空间尺度对它们的影响。

4.3 基于 GeoDa 的甘肃白龙江流域景观破碎化空间关联性分析

空间关联性分析是空间统计分析的重要组成部分，通过空间位置建立数据间的统计关系，其核心是分析与地理位置相关数据的空间分布特征。近年来，众多学者基于 GeoDa 平台研究空间数据的空间依赖、空间关联或空间自相关，例如，方叶林等（2013）以安徽省各县域人均 GDP 为研究指标，综合运用空间自相关和空间变异函数等方法，结合 GeoDa 软件对安徽省县域经济的空间差异进行研究；Zoppi 等（2015）运用 GeoDa 分析了意大利卡利亚里市房价及其影响因子之间的空间关联；Hollar（2017）基于 GeoDa 平台构建了美国东南部地区发病率和死亡率的空间回归模型。可见，基于 GeoDa 的空间统计分析大多集中于社会科学层面，如区域经济差异、城市建设及卫生医疗研究等，在自然科学层面的应用较少。空间依赖性和异质性是现代地理生态现象的内在属性，基于 GeoDa 的空间关联性分析可以揭示地理生态现象的空间分异规律及其内在属性。因此，本研究以景观破碎化为例，旨在探索 GeoDa 在景观生态学领域的适用性。

4.3.1 数据来源与研究方法

4.3.1.1 数据来源

甘肃白龙江流域景观类型图数据源时间为 2014 年，来自 Landsat ETM+遥感数据，空间分辨率为 30m，时相为 7~8 月。根据 LUCC 分类标准和甘肃白龙江流域实际情况，将土地利用类型分为耕地、林地、草地、水域、居民工矿用地和未利用地 6 类，经野外验证和高分辨率遥感影像检验，数据解译整体精度达 84%以上，满足本研究要求；人类活动强度通过人口密度、居民点、耕地面积和道路四个因子计算得到（张玲玲，2016）。

4.3.1.2 研究方法

（1）景观格局指数

为了分析 2014 年甘肃白龙江流域景观破碎化的空间关联性，运用网格分析法开展研究。参考前人研究（张玲玲等，2014；李栋科等，2014；刘吉平等，2016）与流域范围大小，选取 8km×8km、10km×10km、12km×12km 和 15km×15km 的网格进行分析，其分别将流域划分为 287 个、186 个、129 个和 85 个网格，并基于 Fragstats 软件，在景观水平上进行景观格局指数的计算，以描述研究区的景观破碎化。参考相关文献（汤萃文等，2009；王艳芳和沈永明，2012；胡苏军等，2012；付刚等，2017；巩杰等，2015），同时结合研究区实际情况，选取可以表征景观破碎化的景观格局指数进行分析，主要包括边缘密度（ED）、蔓延度（CONTAG）和香农多样性（SHDI）。

（2）空间权重矩阵构建

空间自相关分析的前提是定义空间权重矩阵，即在怎样的空间尺度准则下分析区域之间的关系（白永平和王培安，2012）。根据邻接准则构建矩阵的方法有多种，本研究采用 GeoDa 较为常用的 Rook 邻接准则构建空间权重矩阵，其形式如下。

$$W = \begin{bmatrix} W_{11} & W_{12} & \cdots & W_{1n} \\ W_{21} & W_{22} & \cdots & W_{2n} \\ \cdots & \cdots & \cdots & \cdots \\ W_{n1} & W_{n2} & \cdots & W_{nn} \end{bmatrix} \tag{4-7}$$

式中，n 表示空间单元个数，W_{ij} 表示区域 i 与 j 的邻居关系（万鲁河等，2011）。本书分别以 287 个、186 个、129 个和 85 个网格单元构建基于空间邻接关系的权重矩阵，这里邻接的意思是具有公共边界，规则如下。

$$W_{ij} = \begin{cases} 1 & \text{当区域 } i \text{ 和 } j \text{ 相邻接} \\ 0 & \text{其他} \end{cases} \tag{4-8}$$

（3）全局空间自相关

Moran's I 指数反映空间邻接或空间邻近区域单元属性值的相似程度，本研究通过 GeoDa 分析流域各网格单元景观格局指数之间的空间关联性，公式如下（Cliff and Ord，1973）。

$$I = \frac{n \sum_{i=1}^{n} \sum_{j=1}^{n} W_{ij}(x_i - \bar{x})(x_j - \bar{x})}{\sum_{i=1}^{n} \sum_{j=1}^{n} W_{ij} \sum_{i=1}^{n} (x_i - \bar{x})^2} = \frac{\sum_{i=1}^{n} \sum_{j=1}^{n} W_{ij}(x_i - \bar{x})(x_j - \bar{x})}{S^2 \sum_{i=1}^{n} \sum_{j=1}^{n} W_{ij}}$$

$$S^2 = \frac{1}{n} \sum_{i=1}^{n} (x_i - \bar{x})^2$$

$$\bar{x} = \frac{1}{n}\sum_{i=1}^{n} x_i \qquad (4\text{-}9)$$

式中，I 为 Moran 指数；n 为空间单元的数量；x_i 为区域 i 的观测值；x_j 为区域 j 的观测值；$\bar{x}$ 为区域观测值的平均值；W_{ij} 为空间权重矩阵，x_i 和 x_j 相邻时为 1，不相邻时为 0。S^2 表示观测值的平方差。Moran 指数 I 的取值一般为 [−1, 1]，小于 0 表示在空间呈负相关，大于 0 表示在空间呈正相关，等于 0 表示不相关，随机分布。

（4）局部空间自相关

全局空间自相关只能从整体上验证研究对象是否存在空间聚集现象，无法对其范围进行定位，因此，需要采用局部空间自相关来确定具体的空间范围（白永平和王培安，2012）。局部 Moran's I 指数可表征一个区域与邻近区域属性值的相关程度，本研究通过 GeoDa 分析流域网格单元景观格局指数与邻近网格单元景观格局指数的空间相关程度，公式如下（Anselin, 1995）。

$$I_i = \frac{(x_i - \bar{x})}{S^2}\sum_{j} W_{ij}(x_j - \bar{x}) \qquad (4\text{-}10)$$

（5）Moran 散点图

Moran 散点图可研究局域空间的异质性，其表现形式为笛卡尔直角坐标系，共四象限，分别对应于区域单元与其邻居之间 4 种类型的局部空间联系形式（麻永建和徐建，2006）。散点图的四个象限按其性质分为"高高"（第一象限）、"低高"（第二象限）、"低低"（第三象限）、"高低"（第四象限）。"高高"表示某一空间单元和周围单元的属性值都较高，该单元和周围单元组成的子区域即为热点区，"低低"的含义与此相反，落入这两个象限的空间单元存在较强的空间正相关；"高低"表示某一空间单元属性值较高，而周围单元较低，"低高"与此相反，落入这两个象限的空间单元表明存在较强的空间负相关（陈雅淑，2009）。

4.3.2　流域景观破碎化全局空间自相关

通过 GeoDa 对 2014 年甘肃白龙江流域不同网格大小的景观格局指数进行全局空间自相关分析，结果表明网格大小对流域各景观格局指数的 Moran's I 影响较小，不同网格大小下的景观格局指数 ED、CONTAG、SHDI 在空间上均呈正相关关系且相关关系较强，这表征流域景观破碎化具有一定的聚集效应（表 4-10）。由表 4-10 可以看出，景观格局指数 ED、CONTAG、SHDI 的 Moran's I 分别介于 0.478 ~ 0.501、

0.276~0.374、0.406~0.436，ED 的空间正相关性最强，代表 ED 较高的网格单元趋于和较高 ED 的网格单元相邻，形成 ED 高值区，而 ED 较低的网格单元趋于和较低 ED 的网格单元相邻，形成 ED 低值区，表明流域景观在形状上构成较为明显的不规整区域与规整区域；与 ED 相比，SHDI 的空间正相关性稍弱，但总体上，其空间正相关关系还是较强，代表 SHDI 较高的网格单元相对聚集成为高值区，而 SHDI 较低的网格单元相对聚集成为低值区，表明流域景观在类型组成上形成较为明显的多样化区域与单一化区域；与 ED 和 SHDI 相比，CONTAG 的空间正相关性较弱，但其也具有一定的空间正相关关系，并非随机分布，而是表现出空间相似值之间的空间聚集，CONTAG 高值区表明该区有连通性较高的优势斑块存在，连接性较好，而 CONTAG 低值区表明该区存在较多的小斑块，破碎化程度较高。综合分析景观格局指数 ED、CONTAG 和 SHDI 全局空间自相关结果可以发现，2014 年甘肃白龙江流域景观破碎化表现出一定的空间聚集特征。

由表 4-10 可知，以 10km×10km 网格为研究单元的全局空间自相关分析结果最为显著，其景观格局指数 ED 和 CONTAG 的 Moran's I 分别为 0.501 和 0.374，均为其他网格对应结果的最高值，虽然 SHDI 的 Moran's I 为 0.419，略低于 8km×8km 网格所对应数值（0.436），但由于其差值较小（0.017），因此可以认为 10km×10km 的网格大小是甘肃白龙江流域景观破碎化空间自相关研究较为适宜的空间尺度。

为了验证流域各景观格局指数 Moran's I 的显著性，在 GeoDa 中采用蒙特卡罗模拟方法检验，得出各景观格局指数 P 值均等于 0.001，说明在 99.9% 置信度下的空间自相关是显著的。

表 4-10　甘肃白龙江流域不同网格大小下各景观格局指数的 Moran's I

网格大小/（km×km）	ED	CONTAG	SHDI
8×8	0.492	0.276	0.436
10×10	0.501	0.374	0.419
12×12	0.478	0.359	0.415
15×15	0.480	0.320	0.406

4.3.3　流域景观破碎化局部空间自相关

为了直观分析 2014 年甘肃白龙江流域景观破碎化的空间分布情况，以 10km×

10km 网格为研究单元，利用 GeoDa 生成局部空间自相关的显著图和聚集图（图 4-8），并采用不同颜色标识不同的空间自相关类别，红色代表高高聚集，蓝色代表低低聚集，紫色代表低高聚集，粉色代表高低聚集，无色代表空间分布不具显著性。由图 4-8 可以看出，在 95% 的置信度下，景观格局指数 ED 高高聚集区主要分布在流域东南部及北部，主要是武都区中部和宕昌县北部，表征该区景观形状上较不规整；低低聚集区主要分布在流域南部，即文县南部，表征该区景观性状上较规整。GONTAG 表征景观连接性，值越低，说明景观破碎化程度越高，其低低聚集区的空间分布较分散且面积相对较少；高高聚集区主要集中在流域南部，即文县南部。SHDI 的空间聚集特征与 ED 相似，低低聚集区也主要分布在流域南部，只是高高聚集区的分布情况有所不同，SHDI 高高聚集区集中分布于流域东南部及中部，表明该区景观组成类型相对复杂与多样。总体上，景观格局指数 ED、CONTAG 和 SHDI 高高聚集区和低低聚集区空间分布相对集中且范围较大，而低高聚集区和高低聚集区面积小且分散，综合分析其局部空间自相关结果可以表明，流域景观破碎化程度较高的区域主要是东南部；流域南部的景观破碎化程度较弱。

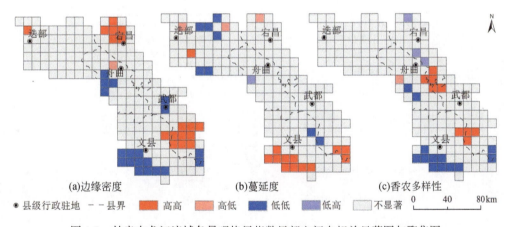

图 4-8 甘肃白龙江流域各景观格局指数局部空间自相关显著图与聚集图

4.3.4 流域景观破碎化与人类活动强度相关性分析

人类活动是造成景观破碎化的一个重要因素，为了明确人类活动强度是否影响或多大程度上影响流域景观破碎化的空间分布，本研究以 10km×10km 网格为研究单元，将各网格单元景观格局指数空间分布情况与各网格单元人类活动强度空间分布情况建立相关关系，结果表明2014年甘肃白龙江流域景观破碎化在一定程度上受人类活动强度的影响（图4-9）。具体地，人类活动强度与景观格局指数 ED 和 SHDI 的 Moran's I 分别为0.170和0.180，均为正值，表征人类活动强度与 ED 和 SHDI 在空间上呈正相关关系，即人类活动强度较高区域的景观在边缘形状和类型组成上相对复杂和多样；而 CONTAG 的 Moran's I 是负值，为 -0.095，表征人类活动强度与 CONTAG 在空间上呈负相关关系，即人类活动强度较高区域的景观是具有多种要素的密切格局，破碎化程度较高（图4-9）。综合分析表明，人类活动强度对流域景观破碎化的空间分布特征起到一定作用。

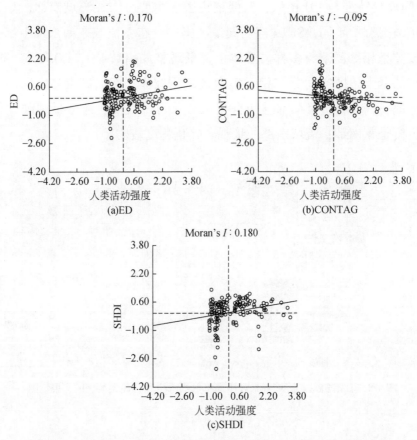

图4-9 甘肃白龙江流域各景观格局指数与人类活动强度相关性分布图

4.3.5 讨论

1）流域各景观格局指数与人类活动强度相关性分析的结果相对偏低，一是因为人类活动具有不确定性和复杂性的特点，其评价指标选取和权重的确定多针对特定区域，主观性较强，准确定量评价其强度相对困难；二是因为人类活动强度还受到地形地貌等自然因素的影响；三是因为实际生活中人类活动大多与其他因子交互作用产生较大影响，单因子的影响力较低。

2）基于 GeoDa 分析区域经济差异方面的论文相对较多，而将 GeoDa 运用于自然地理研究领域的论文相对较少，将 GeoDa 应用在景观破碎化研究中的论文更是鲜少。原因在于区域经济差异的研究以行政单元为研究对象，并基于行政区划构建空间权重矩阵以表征各行政单元间的空间关系，它具有明确的地理边界，但绝大多数的地理现象并非如此，例如生态系统服务没有划定的区域范围，若是简单以行政单元作为研究对象来探讨生态系统服务的空间自相关，这显然不符合自然事实。相应地，景观破碎化在空间上也没有确定的边界，众多学者对景观破碎化的空间研究以网格分析法为主，因此本研究以网格为研究单元，引入 GeoDa 开展研究区景观破碎化空间关联性分析，结果表明 GeoDa 在景观生态空间分析研究中具有很好的适用性。

3）多尺度空间分析是进行尺度效应研究的基础，是发现和识别景观等级结构和特征尺度的主要方法，只有在连续的尺度序列上对景观格局进行考察和研究，才能把握其内在的演变规律（刘媛媛和刘学录，2016）。尺度选择过大，往往导致大量细节被忽略；尺度选择过小，就会陷入局部，容易忽略总体规律，因此选择适宜的研究尺度显得极为重要。本书仅选取 8km×8km、10km×10km、12km×12km、15km×15km 共 4 个尺度进行分析，以后将深入研究连续空间尺度对空间自相关产生的影响。同时，本书采用的空间权重矩阵只是基于邻接准则简单构建，若是基于邻接准则确立更为复杂的空间权重矩阵或是基于距离定义权重矩阵，对景观破碎化的空间关联性的结果是否产生影响或产生多大影响，也是以后深入探讨的重点。

参 考 文 献

阿斯卡尔江·司迪克. 2010. 塔里木河下游地区近 50 年景观格局动态变化及驱动力研究. 乌鲁木齐：新疆师范大学硕士学位论文.

白永平, 王培安. 2012. 浙江省集聚经济类型的资源配置效应分析. 资源科学, 34（3）：510-519.

陈昌龄, 张全景, 吕晓, 等. 2016. 江苏省耕地占补过程的时空特征及驱动机理. 经济地理, 36（4）：155-163.

陈康娟, 王学雷. 2002. 人类活动影响下的四湖地区湿地景观格局分析. 长江流域资源与环境, 11（3）：219-223.

陈雪梅. 2014. 近 60 年三江平原湿地动态变化及驱动力分析. 四平：吉林师范大学硕士学位论文.

陈雅淑. 2009. 局部空间自相关指数的适用性研究——以江苏省出生性别比为例. 上海：华东师范大学硕士学位论文.

方叶林, 黄震方, 涂玮, 等. 2013. 基于地统计分析的安徽县域经济空间差异研究. 经济地理, 33（2）: 33-38.

冯永玖, 韩震. 2010. 基于遥感的黄浦江沿岸土地利用时空演化特征分析. 国土资源遥感, （2）: 91-96.

付刚, 肖能文, 乔梦萍, 等. 2017. 北京市近二十年景观破碎化格局时空变化分析. 生态学报, 37（8）: 1-12.

傅伯杰, 陈利顶, 马克明, 等. 2001. 景观生态学原理及应用. 北京：科学出版社.

巩杰, 孙朋, 谢余初, 等. 2015. 基于移动窗口法的肃州绿洲化与景观破碎化时空变化. 生态学报, 35（19）: 6470-6480.

胡苏军, 葛小东, 黄超. 2012. 科尔沁沙地近水区域景观破碎化时空变化研究. 干旱区资源与环境, 26（9）: 125-131.

黄青, 王让会, 吴世新. 2007. 塔里木河上游景观破碎化的时空动态变化分析. 干旱区资源与环境, 21（9）: 73-77.

雷诚, 张永福. 2009. 土地利用变化及驱动因素分析——以新疆乌苏市为例. 新疆农业科学, 46（2）: 403-409.

李栋科, 丁圣彦, 梁国付, 等. 2014. 基于移动窗口法的豫西山地丘陵地区景观异质性分析. 生态学报, 34（12）: 3414-3424.

李文杰, 乌铁红, 李晓佳. 2013. 内蒙古希拉穆仁草原旅游地景观格局动态变化. 地理科学, 33（3）: 307-313.

刘红玉, 李兆富, 李晓民. 2007. 湿地景观破碎化对东方白鹳栖息地的影响——以三江平原东北部区域为例. 自然资源学报, 22（5）: 817-822.

刘红玉, 吕宪国, 张世奎, 等. 2005. 三江平原流域湿地景观破碎化过程研究. 应用生态学报, 16（2）: 289-295.

刘吉平, 董春月, 盛连喜, 等. 2016. 1955~2010年小三江平原沼泽湿地景观格局变化及其对人为干扰的响应. 地理科学, 36（6）: 879-887.

刘吉平, 马长迪, 刘雁, 等. 2017. 基于地理探测器的沼泽湿地变化驱动因子定量分析——以小三江平原为例. 东北师大学报（自然科学版）, 49（2）: 127-135.

刘纪远. 1996. 中国资源环境遥感宏观调查与动态研究. 北京：中国科学技术出版社.

刘纪远, 布和敖斯尔. 2000. 中国土地利用变化现代过程时空特征的研究——基于卫星遥感数据. 第四纪研究, 20（3）: 229-239.

刘纪远, 刘明亮, 庄大方, 等. 2002. 中国近期土地利用变化的空间格局分析. 中国科学：地球科学, 32（12）: 1031-1040.

刘纪远, 张增祥, 徐新良, 等. 2009. 21世纪初中国土地利用变化的空间格局与驱动力分析. 地理学报, 64（12）: 1411-1420.

刘彦随, 杨忍. 2012. 中国县域城镇化的空间特征与形成机理机. 地理学报, 67 (8): 1011-1020.

刘媛媛, 刘学录. 2016. 甘肃永登县土地利用景观格局的空间尺度效应. 应用生态学报, 27 (4): 1221-1228.

刘珍环, 王仰麟, 彭建, 等. 2010. 深圳市水体景观破碎化动态及其生态价值变化. 北京大学学报 (自然科学版), 46 (2): 286-292.

麻永建, 徐建. 2006. 基于ESDA的河南省区域经济差异的时空演变研究. 软科学, 20 (5): 51-54.

马晴, 李丁, 廖杰, 等. 2014. 疏勒河中下游绿洲土地利用变化及其驱动力分析. 经济地理, 34 (1): 148-156.

宁龙梅, 王学雷, 吴后建. 2005. 武汉市湿地景观格局变化研究. 长江流域资源与环境, 14 (1): 44-49.

彭茹燕, 王让会, 孙宝生. 2001. 基于NOAA/AVHRR数据的景观格局分析. 遥感技术与应用, 16 (1): 28-31.

全斌. 2010. 土地利用覆盖变化导论. 北京: 中国科学技术出版社.

宋开山, 刘殿伟, 王宗明. 2008. 1954年以来三江平原土地利用变化及驱动力. 地理学报, 63 (1): 93-104.

汤萃文, 张海风, 陈银萍, 等. 2009. 祁连山南坡植被景观格局及其破碎化. 生态学杂志, 28 (11): 2305-2310.

万鲁河, 王绍巍, 陈晓红. 2011. 基于GeoDA的哈大齐工业走廊GDP空间关联性. 地理研究, 30 (6): 977-984.

王劲峰, 徐成东. 2017. 地理探测器: 原理与展望. 地理学报, 72 (1): 116-134.

王宪礼, 布仁仓, 胡远满, 等. 1996. 辽河三角洲湿地的景观破碎化分析. 应用生态学报, 7 (3): 299-304.

王秀兰, 包玉海. 1999. 土地利用动态变化研究方法探讨. 地理科学进展, 18 (1): 81-87.

王艳芳, 沈永明. 2012. 盐城国家级自然保护区景观格局变化及其驱动力. 生态学报, 32 (15): 4844-4851.

邬建国. 2007. 景观生态学——格局、过程、尺度与等级. 2版. 北京: 高等教育出版社.

吴春燕, 郝建锋. 2011. 景观破碎化与生物多样性的相关性. 安徽农业科学, 39 (15): 9245-9247.

肖笃宁. 1991. 景观生态学理论、方法及应用. 北京: 中国林业出版社: 186-195.

杨英宝, 江南, 苏伟忠, 等. 2005. RS与GIS支持下的南京市景观格局动态变化研究. 长江流域资源与环境, 14 (1): 34-39.

张玲玲. 2016. 甘肃白龙江流域生态系统服务评估及影响因素. 兰州: 兰州大学硕士学位论文.

张玲玲, 赵永华, 殷莎, 等. 2014. 基于移动窗口法的岷江干旱河谷景观格局梯度分析. 生态学报, 34 (12): 3276-3284.

张影, 谢余初, 齐姗姗, 等. 2016. 基于InVEST模型的甘肃白龙江流域生态系统碳储量及空间格局特征. 资源科学, 38 (8): 1585-1593.

Anselin L. 1995. Local indicators of spatial association-LISA. Geographical Analysis, 27: 93-115.

Cliff A D, Ord J K. 1973. Spatial Autocorrelation. London: Pion Limited.

Hersperger A M, Bürgi M. 2007. Driving forces of landscape change in the urbanizing Limmat Valley, Switzerland. Modelling Land-Use Change, 90: 45-60.

Hollar D W. 2017. Disability and health outcomes in geospatial analyses of Southeastern U. S. county health data. Disability and Health Journal, 10 (4): 518-524.

Juliana P, Ferenc J. 2017. Multi-node selection of patches for protecting habitat connectivity: fragmentation versus reachability. Ecological Indicators, 81: 192-200.

Lillie A L, Patrick J D, Margaret C B. 2017. Linear infrastructure drives habitat conversion and forest fragmentation associated with Marcellus shale gas development in a forested landscape. Journal of Environmental Management, 197: 167-176.

Liu H Y, Li Y F, Cao X, et al. 2009. The current problems and perspectives of landscape research of wetlands in China. Acta Geographica Sinica, 64 (11): 1394-1401.

Mitchell M G, Suarez-Castro A F, Martinez-Harms M, et al. 2015. Reframing landscape fragmentation's effects on ecosystem services. Trends in Ecologyand Evolution, 30 (4): 190-198.

Wang J F, Hu Y. 2012. Environmental health risk detection with GeogDetector. Environmental Modellingand Software, 33: 114-115.

Wang J F, Li X H, Christakos G, et al. 2010. Geographical detectors-based health risk assessment and its application in the neural tube defects study of the Heshun region, China. International Journal of Geographical Information Science, 24 (1): 107-127.

Zoppi C, Argiolas M, Lai S. 2015. Factors influencing the value of houses: estimates for the city of Cagliari, Italy. Land Use Policy, 42: 367-380.

第5章 流域生态系统服务时空变化及其权衡与协同分析

生态系统的健康发展及其服务的持续供给是保障区域可持续发展的基础，人们通过对生态系统服务的消费来满足和提高人类福祉。因此，在了解和分析区域土地利用与景观格局的基础上，利用3S技术、InVEST模型和数理统计等多种方法，定量地评估流域生态系统服务的供给并分析其时空变化特征和热点区域，旨在为区域环境保护与管理提供科学依据，以促进生态系统服务纳入到环境保护与规划、管理决策制定与实施过程中去。

正确认识生态系统服务之间的关系，是开展多种生态系统服务可持续管理决策的前提，有助于人类福祉的全面提升（Potschin et al., 2016; Rodriguez et al., 2006; 彭建等, 2017）。生态系统服务分类和评估量化了不同生态系统的经济效益和生态效益，人们认识到生态系统服务在类型和数量上均存在着权衡或协同关系（Barbier et al., 2008）。生态系统服务权衡是指两种生态系统服务此消彼长的情形（Rodriguez et al., 2006），也称为冲突或竞争关系（李鹏等, 2012）；协同是指两者同增同减的情形（Barbier et al., 2008）。不同时空尺度下的不同类型生态系统服务之间权衡/协同关系各异，这推动了生态系统服务之间的相互作用和权衡管理决策研究（傅伯杰等, 2009）。生态系统服务的权衡与协同研究不仅有助于深入理解不同服务类型之间相互关联的作用因子及机制，更有助于准确分析比较它们之间的关系，指导人类更加合理地开发利用自然资源（Naidoo et al., 2008）。因此，本章的主要内容是进行流域食物生产、土壤保持、碳储存、产水等服务的时空变化分析，并开展流域生态系统服务的时序变化与空间分异、生态系统服务权衡与协同关系研究，为流域生态系统服务优化与人类活动管控等提供科学依据。

5.1 甘肃白龙江流域生态系统食物生产服务

5.1.1 基于统计资料的农田生态系统食物生产服务功能的评估

5.1.1.1 研究方法与数据

InVEST 早期版本（InVEST 3.0 以前）未研发出农作物生产服务（或食物生产服务）模型，目前较新的版本 InVEST 3.2.0 中模块仍处于测试中，尚不能完全使用。同时，考虑到区域食物生产服务主要是由农田生态系统农作物产量来决定的，因此，本研究以各县区单位农田生态系统农作物产量来表征食物生产服务功能大小。

研究数据来源于甘肃省和研究区各县市的统计资料及各县区县志和相关行业的部门统计资料。甘肃白龙江流域的农作物主要为粮食作物（小麦、玉米、薯类等）、油料作物、蔬菜及中药材等，由于中药材等数据的缺失，本研究主要以粮食作物、油料作物和蔬菜为研究对象；同时考虑到单位面积产量较之总产量更能说明县域尺度上的农田生态系统生产功能，为方便统一对比分析，故选取县域尺度上的单位面积农作物产量以反映各县区农田生态系统食物生产服务功能，分析 1990~2014 年研究区农田生态系统食物生产服务时空变化特征。

5.1.1.2 甘肃白龙江流域农田生态系统食物生产服务分析

如图 5-1 所示，甘肃白龙江流域 1990 年、2002 年、2014 年的农作物单位面积产量的值域范围依次为：$0.632 \sim 1.297 t/hm^2$、$0.516 \sim 1.164 t/hm^2$、$0.916 \sim 5.228 t/hm^2$，农作物生产功能总体上呈增长趋势。全流域总产量和单位面积产量分别从 1990 年的 $2.12 \times 10^5 t$ 和 $0.94 t/hm^2$ 增至 2014 年的 $6.23 \times 10^5 t$ 和 $2.81 t/hm^2$，各县的农作物生产能力总体上有所增长，近年来增长幅度加快。研究期间流域农业种植结构和经营方式的变化、科技进步以及生态环境保护等政策的实施使得在耕地面积减少或基本保持不变的情况下，单位面积农作物产量有所增加，农田生态系统的生产能力呈上升趋势。1990~2014 年，甘肃白龙江流域农田生态系统供给服务的空间分布格局基本不变，高产区主要分布在宕昌县和武都区，其次是文县，舟曲县和迭部县的农作物单位面积产量相对较低（图 5-1）。从县域尺度上来看，各县的地理环境、耕作条件以及农业种植结构不同，农作物供给单位面积产量也有所差异，整体上表现为：武都区>宕昌县>文县>舟曲县>迭部县，可见武都区和宕昌县农田生态系统的生产能力高于其他地区。

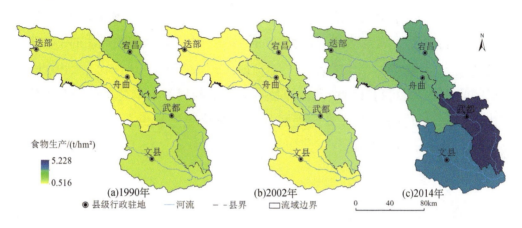

图 5-1 甘肃白龙江流域食物生产功能时空变化

5.1.2 基于 Costanza 理论的流域生态系统食物生产服务功能的评估

5.1.2.1 研究方法

（1）Costanza 价值评估法

生态系统服务价值往往依赖于不同空间和时间尺度上的生态—地理过程（李双成等，2013，2014；傅伯杰和张立伟，2014；Fu et al.，2011），在大中尺度的区域水平上，土地利用结构和功能的变化直接影响着生态系统服务价值供给的数量和质量，因此基于土地利用变化的生态系统服务研究是目前较为广泛的研究模式之一（Schägner et al.，2013；李双成等，2014）。Costanza 等（1997）、Costanza（1999）提出基于全球土地利用与覆被变化的生态系统服务价值和生态资本核算。在此基础上，谢高地等（2003）根据我国陆地生态系统特征及对国内生态学学者进行问卷调研结果，制定了全国尺度的陆地生态系统单位面积生态服务价值当量因子表。生态系统服务价值当量因子是从经济价值量的角度衡量各类生态系统所提供各项服务的相对贡献大小的潜在能力，其数值约等于当年全国粮食平均单产市场直接价值的 1/7（谢高地等，2001，2003；孙新章等，2007；岳东霞等，2011；李晓赛等，2015）。因此，农田生态系统生产功能的单位面积经济价值计算公式如下。

$$E_a = \frac{1}{7} \times \left(\sum_{i=1}^{n} m_i p_i q_i \right) \times \frac{1}{M} \quad i = 1, 2, \cdots, n \tag{5-1}$$

式中，E_a 是农田生态系统单位面积农产品生产服务功能的经济价值（元/hm²），i 为甘肃白龙江流域农作物种类，主要有玉米、水稻、小麦、油菜、蔬菜瓜果以及当归、红芪等中药材；m_i 为第 i 种农作物面积（hm²）；P_i 为第 i 类农作物产品的平均市场价格（元/kg²）；q_i 为第 i 种农作物产品单产（kg/hm²）；M 为研究区农作物总面积（hm²）。

根据当量因子表可得甘肃白龙江流域不同土地利用类型单位面积的服务价值系数，在 Costanza 理论基础上计算得到区内生态系统服务价值总量（Costanza et al., 1997, 2014; Costanza, 2008）。

$$\text{ESV} = \sum_{k=1}^{n} (A_k \times \text{VC}_k) \tag{5-2}$$

式中，ESV 为生态系统服务价值（万元）；A_k 为流域内土地利用类型 k 的面积（hm²）；VC_k 为生态系统价值系数（元/hm²）。

考虑到研究区的多元农业生产（粮食作物、经济林果、药材茶叶等）和土地利用格局主要是 1990 年前后逐渐形成的，且 Landsat TM 影像的质量和可用性以及退耕还林还草工程的实施对区域农业生产结构和土地利用变化的影响。本书以 1990 年、2002 年、2014 年为时间节点来分析和评价甘肃白龙江流域土地生态系统食物生产服务经济价值的时空变化。

（2）改进后的 Costanza 评估方法

鉴于上述评估方法的理论基础，考虑到生态系统服务价值区域间的差异性和同类生态系统的空间异质性，主要体现在各区域间地理要素之间的区位差异上，而这种区位差异在自然和人文社会因素上又表现为自然环境条件的不同、资源稀缺性和社会发展水平的差异（石惠春等，2013；粟晓玲等，2006；徐丽芬等，2012；李博等，2013；李晓赛等，2015）。因此，对生态系统服务功能价值的判定应综合考虑区位自然环境条件和区位人文社会要素两方面的影响。

1）生态系统服务价值区位自然环境条件的差异，主要表现在生物量和区域水热状况上。一般而言，生物量越大，生态功能越强。因此，可用地区与全国不同生态系统的生物量（NPP）的比值反映该区域自然环境的差异。

$$A_i = b_i / B_i \tag{5-3}$$

式中，A_i 是研究区生物量差异程度；b_i 和 B_i 分别表示甘肃白龙江流域和全国第 i 类生态系统单位面积平均生物量。

2）人文社会因子的差异对生态系统服务价值的影响主要体现在资源的紧缺程度和人们对生态价值的认识程度及支付意愿上，是随着人们认知和市场波动而动态变化的（石惠春等，2013；李晓赛等，2015）。效用价值论认为：商品价值是由商品的具体效用和稀缺性综合产生的（Straton，2006）。这间接反映出资源稀缺性（紧缺程度）是影响物品价值的重要因素，对于甘肃白龙江流域而言，生态系统生产服务价值的紧缺程度主要体现在耕地供给能力上，因此，本书利用流域内人均耕地面积与全国人均耕地面积的比值来间接反映研究区耕地资源的稀缺程度，表达式如下。

$$B_i = c_i / C_i \tag{5-4}$$

式中，B_i 是研究区耕地资源紧缺程度；c_i 和 C_i 分别表示第 i 年甘肃白龙江流域人均耕地面积和全国人均耕地面积，单位为 $hm^2/$人。

人们对生态系统服务的认知与支付意愿主要体现在对服务的需求程度上，是随着社会发展而不断变化的。在此，引入社会发展指数进行价值的修正，以尽可能地反映当时社会经济发展水平下的生态系统生产服务功能的现实经济价值（Palm et al.，2014；石惠春等，2013）。社会发展程度和社会经济水平的关系可用皮尔生长曲线模型来表示（Huang et al.，2009），具体计算公式如下。

$$L = \frac{1}{1 + e^{(3-1/En)}} \tag{5-5}$$

式中，L 为社会发展程度指数；e 为自然对数底数；En 为区域恩格尔系数，主要来源于统计年鉴和农户调查。

3）生态系统生产服务价值的估算。假设区域土地生态系统生产服务价值受区位自然环境条件和社会发展程度的影响，即生态系统服务的空间异质性影响着服务价值的变化，将生态系统的分类与区域土地利用类型相对应，梳理各影响因子与生态系统服务价值的数量关系，构建生态系统服务价值计量模型。

$$\mathrm{ESV} = \sum A_k \times \mathrm{VC}_k \times [\varphi_1 \times A_i + \varphi_2 \times (B_i + L)] \tag{5-6}$$

式中，ESV 为生态系统服务价值（万元）；A_k、VC_k、A_i、L 同上，φ_1 和 φ_2 为权重，B_i 是研究区耕地资源紧缺程度。各指标均经过标准化处理以消除单位和量纲的不一致问题。改进后的评价方法，充分考虑了地理环境条件（客观的因素）和社会经济发展（人的主观价值与支付意愿）评估因素，避免了忽视自然环境和人文社会因素影响而得到的形式化的客观价值，其获得的生态系统服务价值才有可能被市场化（石惠春等，2013；李晓赛等，2015）。其次，将静态的生态价值估算转换为能反映社会经济发展与生态资源稀缺性的动态变化相关联起来（粟晓玲等，2006；徐丽芬等，2012；李博等，2013）。

5.1.2.2 流域生态系统食物生产服务价值的时空变化

将甘肃白龙江流域土地利用类型与谢高地等分类进行对比,其中建设用地(包括居民点、交通用地、工矿用地等)的生产服务经济价值取值为零;同时,流域内主要食物产品价格取 2010~2014 年甘肃省市场批发价格的平均值,进而计算 1990 年、2002 年和 2014 年 3 个时期改进前后流域生态系统食物生产经济价值(图 5-2~图 5-4)。

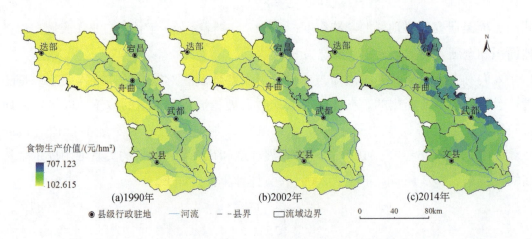

图 5-2　改进前甘肃白龙江流域食物生产服务价值动态变化

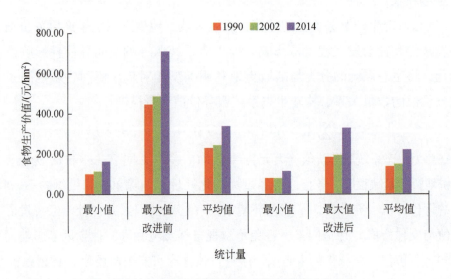

图 5-3　甘肃白龙江流域食物生产服务价值动态变化

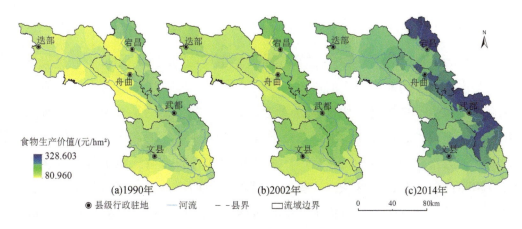

图 5-4 改进后甘肃白龙江流域食物生产服务价值动态变化

1990～2014 年改进前甘肃白龙江流域生态系统食物生产服务价值呈增加趋势，1990 年、2002 年、2014 年值域分别为 102.62～444.42 元/hm²、113.57～485.35 元/hm²、165.90～707.12 元/hm²。全流域总价值和单位面积服务价值分别从 1990 年的 22 950.27 万元和 229.50 元/hm² 增至 2014 年的 51 210.59 万元和 338.57 元/hm²（图 5-2）。在空间上，1990～2014 年甘肃白龙江流域生态系统食物生产服务经济价值分布格局基本不变，高产区主要分布在舟曲县城关镇至武都区汉王镇的白龙江河流两岸及其以北区域，宕昌县北部的岷江两岸地区，其次是文县大部分区域，迭部县则相对较低（图 5-2）。从县域尺度上来看，生态系统食物生产服务经济价值排序依次为：武都区>宕昌县>文县>舟曲县>迭部县。

结合自然条件（生物量）与社会发展水平，改进后的流域生态系统食物生产服务价值变化趋势与仅考虑生态系统自身价值的变化趋势总体上相似，且均呈现不断增长的态势，但其价值总量在数值上差异较大，其最大值、最小值和平均值均低于改进前的价值（图 5-3），但改进后的生态系统食物生产经济价值增长幅度（2014 年比 1990 年增长 58.12%）高于改进前的增长幅度（2014 年比 1990 年增长 49.60%），表明流域内自然和社会发展水平对区域食物生产服务价值影响巨大。在空间上，1990～2014 年改进后的流域食物生产服务价值的分布格局变化不大（图 5-4）。相对于改进前流域生产系统生产服务价值空间格局，其高、中、低产区分布格局基本保持一致，但舟曲县和迭部县等草地分布区食物生产服务价值则相对增强，这可能与该区域草地生物量较高有关。

5.1.2.3 讨论

1) 基于统计资料的评估方法主要是从食物生产的物理量的角度去分析流域生态系统食物生产服务功能,基于 Costanza 理论的评估方法则是从食物生产价值量的角度去探讨流域生态系统食物生产服务功能。研究表明,无论是哪种方法,研究期内甘肃白龙江流域生态系统食物生产功能总体上均呈现增长的趋势。在空间上,食物生产服务的分布格局基本不变,高产区主要集中在舟曲县城关镇至武都区汉王镇的白龙江河流两岸及其以北区域,宕昌县北部的岷江两岸地区,其次是文县。在行政区划上,各县的食物生产能力总体上也有所增长,武都区和宕昌县食物生产服务较大,文县次之,迭部县最低。

2) 针对改进前后的 Costanza 流域生态系统食物生产服务价值评估法,运用改进后评估方法得到甘肃白龙江流域食物生产服务经济价值的变化趋势与改进前的相似,流域内生产服务经济价值量的数值相对较小,且在空间上也略有轻微的变化,这可能与甘肃白龙江流域特殊的地理环境和研究方法改进前后的差异性有关。首先,Costanza 等提出的基于土地利用面积变化的生态系统服务价值的评估方法,是一种仅考虑生态系统自身属性的客观评估方法,但它忽视了地理环境变化(如生物量)和人们主观价值认知及区域资源紧缺性对生态系统服务价值的影响;同时,该方法运用统一的价值系数表,没有考虑生态系统服务价值的空间异质性。改进后的生态系统食物生产服务价值评价方法,有效地考虑主客观因素(地理环境与社会发展)以及不同时期市场价格的影响。其次,甘肃白龙江流域大部分区域是坡陡谷深、山高岭峻、土壤侵蚀严重的山地,与同纬度的平原地区相比较,不仅气候较为恶劣、土地资源贫乏、农业生产条件较差,而且社会发展水平较低、农业生产模式落后、农业投资较少,其耕地生态系统生产价值相对平原农业区的较小。同时,流域内林草地资源丰富,生物量较全国均值较高,促使舟曲县、迭部县等草地广布区生产服务价值较高。因此,改进后的研究结果更客观地反映了甘肃白龙江流域生态系统生产服务价值的变化,更符合研究区实际情况,同时有效地反映了区域环境地理条件和社会经济发展程度的差异性对研究区生态系统生产服务价值的影响。由此可见,生态系统服务价值的变化与价值本身、自然环境变化及市场规律密切相关。

3) 1990~2014 年,尽管甘肃白龙江流域耕地面积呈现波动起伏变化,但食物生产服务价值总体呈现上升趋势,反映出研究区内单产和价值均有所增加,也间接表明研究区自然要素和区位人文社会要素影响着服务功能的变化。研究期内,由于社会发展水平的不断提高,人口的增长,人们对耕地供给功能需求的增加和耕地资源本身的稀缺性,使得在耕地面积减少或变化不大的情况下,其服务价值仍表现出上升的趋势。实地调查与统计分析也表明,在追求更高经济利润驱动下,人口的增加、农业种植结构和经营方式变化、科技进步、社会经济发展以及政策等因素深刻地影响着甘肃白龙江流域生态系统生产服务经济价值的变化。

首先,1990~2014年研究区人口总体增加(图5-5),其总人口和农业人口分别从1990年的112.95万人和86.47万人增至2014年的133.54万人和108.31万人,其增长率达18.23%和25.26%。其中,武都区和舟曲县人口增长相对较大,其增长率分别为23.59%和19.44%,但农业人口以宕昌县增长最大(52.34%),武都区次之(25.98%)。人口数量的增加必然会导致人们对农产品需求数量和类别的增加,不仅促进了农业的发展,而且在一定程度上间接影响着作物产品的市场价格波动,进而影响着生态系统生产服务经济价值的变动。

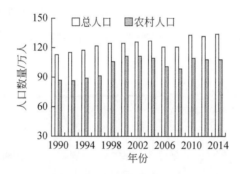

图5-5 1990~2014年甘肃白龙江流域人口变化

其次,流域内农业经济发展与作物种植结构的变化。20世纪90年代以来,甘肃白龙江流域农业经济呈现逐步增长的趋势,其农业总产值从1990年的4.56亿元增加到2014年的50.55亿元;农民人均纯收入也不断增加,从1990年的347元增加到2014年的3962.8元(图5-6);第一产业社会固定资产投资总额也在逐年增加,至2014年达10.14亿元。农业经济的持续发展与人们收入、社会投资的增长,必然会导致农业的良好发展,提高了农田生态系统生产服务价值,进而影响到流域生产服务总价值的变化。与此同时,在经济利益和市场的因素影响下,农业种植结构逐渐由单一的食物生产转向以经济作物为主的多样化农业发展模式。1990年甘肃白龙江流域农作物总播种面积约为 $14.1 \times 10^4 \text{ hm}^2$,其中粮食作物播种面积为 $12.7 \times 10^4 \text{ hm}^2$,占总播种面积的90.29%(图5-7),且粮食作物类型主要为小麦、水稻、玉米和糜子，粮食产量不仅低于全国和全省粮食生产水平，而且经济效益差、农产品市场经济价值不高。2000年以后，尤其是在大力推广退耕还林还草等生态保护工程后，在市场经济利益驱动下，研究区逐渐调整农业种植结构，不断引进和扩大经济作物和药材等，例如蔬菜瓜果、油菜、花椒、芸豆、茶叶等经济作物和当归、党参、大黄、柴胡、红芪等中药材，以及兼具生产和生态保护的经济林果类作物（如核桃、油橄榄）。至2014年经济作物种植面积占农作物播种面积的32.08%，其中蔬菜瓜果类约占9.85%、油菜面积占4.26%；与1990年相比，经济作物面积增长了305.26%，蔬菜类增长了740.79%，油菜增长了112.07%。在空间上，农业种植结构差异明显。当归、党参等药材主要集中在宕昌县，其次是武都区；花椒、油橄榄、核桃等林果类作物主要集中在武都区，宕昌县和舟曲县次之；茶叶主要分布在文县；蔬菜瓜果等则在武都区和文县种植面积相对比较广。在这样的情形下，单位面积耕地的经济价值会因经济作物较高的经济效益而提升，同时粮油类农产品需求量和价格会随生产量的减少而上升，进而导致农田生态系统农产品生产服务经济价值明显增加。同时，农作物种植结构在空间差异性影响流域内生态系统生产服务经值的空间分布格局。

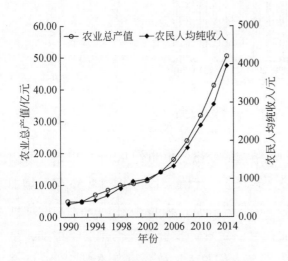

图5-6 甘肃白龙江流域农业总产值与农民人均纯收入变化

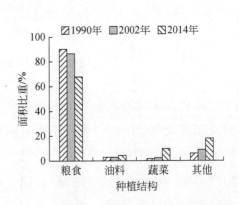

图5-7 甘肃白龙江流域农业种植结构变化图

农业机械化和化肥、农药施用量是农业科技进步与否的重要指标。1990~2014年，甘肃白龙江流域农业机械化程度不断提高，其农业机械总动力由1990年的15.9×10^4kW增至2014年的82.30×10^4kW，年均增加速度约为2.70kW/a，农业技术装备水平不断提高；化肥施用量也从 $2.25×10^4$t 增至 $6.55×10^4$t，年均增长速度约为 0.20t/a（图 5-8）。为了提高生活水平和增加收入，当地农民精耕细作，且变更土地利用方式，种植经济效益更高的蔬菜、茶叶、药材、油橄榄等经济作物，使得农业结构发生变化。同时，农业税免除、农机补贴、扶贫、退耕还林等三农政策和生态保护政策也间接地影响着农业的发展。

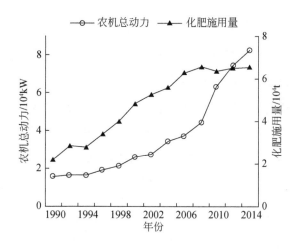

图 5-8 甘肃白龙江流域农机总动力和化肥施用量变化情况

5.2 流域生态系统土壤保持服务

5.2.1 模型原理与方法

InVEST 模型中的土壤保持空间制图和评估功能是在沉积物保留模块中进行。InVEST 模型土壤保持模块，认为生态系统土壤保持量由侵蚀减少量和泥沙持留量两部分组成（Tallis et al.，2013；饶恩明等，2013；李婷等，2014；胡胜等，2015）。前者反映各地块对自身潜在侵蚀的减少，以潜在侵蚀与实际侵蚀的差表示（Rife，2010）；后者是表示某栅格地块拦截上坡泥沙或其他沉积物的能力，以来沙量与泥沙持留效率的乘积表示。该模块的特点在于充分考虑了地块截留上游沉积物的能力，即考虑了各植被在减缓土壤侵蚀的同时，也对上坡栅格土壤侵蚀物具有一定的拦截作用，而通用土壤流失方程（USLE）却忽略了这一重要水文过程（Tallis et al.，2013；李婷等，2014；胡胜等，2015）。同时沉积物保留模块加入可供选择的水库参数数据，能够为水库管理者提供决策参考（胡胜等，2015；Tallis et al.，2013）。模型具体计算如下。

$$SEDRET_x = PKLS_x - USLE_x + SEDR_x \tag{5-7}$$

$$PKLS_x = R_x \cdot K_x \cdot LS_x \tag{5-8}$$

$$USLE_x = R_x \cdot K_x \cdot LS_x \cdot C_x \cdot P_x \tag{5-9}$$

$$SEDR_x = SE_x \sum_{y=1}^{x-1} USLE_y \prod_{z=y+1}^{x-1}(1-SE_z) \tag{5-10}$$

式中，$SEDRET_x$ 和 $SEDR_x$ 分别为栅格 x 的土壤保持量和泥沙持留量，SE_x 为栅格 x 的泥沙持留效率，SE_z 为栅格 z 的泥沙持留效率。$PKLS_x$ 为基于地貌和气候条件的栅格 x 潜在土壤流失量，$USLE_x$ 和 $USLE_y$ 分别为栅格 x 及其上坡栅格 y 的实际侵蚀量，即植被覆盖和水土保持措施下的土壤侵蚀量。R_x、K_x、LS_x、C_x 和 P_x 分别为栅格 x 的降雨侵蚀力因子、土壤可蚀性因子、地形因子、植被覆盖因子和水土保持措施因子。

5.2.2 模型参数处理与设置

1）降雨侵蚀力（R）：是 USLE 模型中的主要基础因子之一，反映了降雨对土壤剥离、搬运及对地表冲刷能力的大小（李婷等，2014），是降雨引起土壤侵蚀以及流失的潜在能力的反映；难以直接测定。通过比较各种算法的适用性以及获取研究区降雨资料的情况，本文选择章文波等（2003）提出的利用逐月降雨量数据估算降雨侵蚀力的简易算法模型。具体计算公式如下。

$$R = \alpha F_f^\beta \tag{5-11}$$

$$F_f = \frac{1}{N}\sum_{i=1}^{N}\left[\left(\sum_{j=1}^{12} P_{ij}^2\right) \times \left(\sum_{j=1}^{12} P_{ij}\right)^{-1}\right] \tag{5-12}$$

式中，R 为多年平均降雨侵蚀力（MJ·mm）/（hm²·h·a）；P_{ij} 为第 i 年 j 月的降雨量，N 为年数，α 和 β 为模型参数（$\alpha=0.1833$ 和 $\beta=-1.9957$）。

根据上述公式，采用 1977~2014 年白龙江流域及周边共 18 个气象站点逐月降雨量数据，计算获得年降雨侵蚀力，进行克里格空间插值后生成 R 图层［图 5-7（a）］。

2）土壤可蚀性因子（K）：是衡量土壤颗粒被水力分离和搬运的难易程度，反映着不同性质土壤的侵蚀敏感程度（张科利等，2001；张金池等，2008；Xu et al.，2013），通常采用标准小区（坡长 22.12m，坡度 9%）上降雨侵蚀力引起的土壤流失量来表示（Wischmeier and Smith，1978）。一般认为，土壤理化属性中的土壤质地及土体结构、渗透性、有机质含量等影响着某区域土壤可蚀性的大小（张科利等，2001；Devatha et al.，2015；Zhao et al.，2012）。在前人基础上，本书采用 EPIC 模型中的公式进行计算，并利用张科利等（2001，2007）研究成果对结果进行校正，得到土壤可蚀性 K 值栅格图层 [图 5-7（b）]。

$$K_{\text{EPIC}} = \{0.2 + 0.3\exp[-0.0256 m_s(1 - m_{\text{silt}}/100)]\} \times [m_{\text{silt}}/(m_c + m_{\text{silt}})]^{0.3} \times$$
$$\{1 - 0.25\text{orgC}/[\text{orgC} + \exp(3.72 - 2.95\text{orgC})]\} \times$$
$$\{1 - 0.7(1 - m_s/100)/\{(1 - m_s/100) + \exp[-5.51 + 22.9(1 - m_s/100)]\}\}$$
$$K = (-0.01383 + 0.51575 K_{\text{EPIC}}) \times 0.1317$$
(5-13)

式中，K 为土壤可蚀性因子，m_s、m_{silt}、m_c 和 orgC 分别为砂粒（0.05~2.0 mm）、粉粒（0.002~0.05 mm）、黏粒（<0.002 mm）的比重（%）和 0~30 cm 的土层有机碳百分含量（%）。

3）地形因子（LS）：是形成具有侵蚀能力的径流并导致侵蚀事件发生的最主要地形因素，反映着地形地貌条件对土壤侵蚀的影响，其值越大，侵蚀风险越高（Zhao et al.，2012；Xu et al.，2013；Zhang et al.，2013）。模型参数调整过程中，需要对研究区边坡阈值进行设置，即在此坡度以上地区应禁止或在有水土保持措施的条件下从事农业活动（Zhao et al.，2012；饶恩明等，2013；李婷等，2014）。InVEST 模型中对 LS 的取值主要是分段计算（缓坡、陡坡）。根据前人研究的成果及研究区实际情况和多次运行模型的结果，取 25° 为临界坡度，并根据模型要求转换为百分比坡度（25°=46.63%）。

当坡度<25°（缓坡）时，LS 采用式（5-14）计算。

$$\text{LS} = \left(\frac{F_a \cdot C_s}{22.13}\right)^n \times \left(\sin\frac{0.01745 \times S}{0.09}\right) \times 1.60, \quad n = \begin{cases} 0.5, & S \geq 5\% \\ 0.4, & 3.5\% < S < 5\% \\ 0.3, & 1 < S < 3.5\% \\ 0.2, & S < 1\% \end{cases}$$
(5-14)

当坡度≥25°（陡坡）时，LS 采用式（5-15）计算。

$$\text{LS} = 0.08\lambda^{0.35}\text{PS}^{0.6}, \quad \lambda = \begin{cases} C_s & (\text{流向} = 1, 4, 16, 64) \\ 1.4 C_s & (\text{其他流向}) \end{cases}$$
(5-15)

式中，LS 为地形因子，F_a 为栅格汇水累积量；C_s 为栅格分辨率大小；n 为模型自动生成的坡长指数；S 和 PS 分别为坡度（°）和百分比坡度（%）。

4）植被覆盖管理因子（C）：是指一定条件下，实施田间管理或有植被覆盖的状态下地表土壤流失总量，与实施清耕的休闲地上的土壤流失总量的比值（Wischmeier and Smith，1978；李屹峰等，2013；王敏等，2014），其数值范围介于 0～1。植被覆盖管理因子与植被覆盖度、土地利用类型、耕种制度等密切相关。通过查阅相关文献及与研究区相似地区的研究成果，对不同土地覆盖类型进行赋值（表 5-1）。

5）水土保持措施因子（P）：是有或无特定水土保持措施（如等高种植、坡面工程）下土壤侵蚀量的比值（Wischmeier and Smith，1978；胡胜等，2015）。P 值范围为 0～1，数值越大则水保措施越低，极值 1 表示未采取任何水保措施的地区。甘肃白龙江流域属于土石山区，沟大坡陡，土层较薄，水土流失严重。多年来该区域一直在采取水土保持措施，主要的工程措施有梯田、台地、拦沙坝、沟头防护等，也采取了退耕还林、封山育林等措施。根据研究区土地利用及农事活动的具体情况，结合前人研究成果（胡胜等，2015；李屹峰等，2013），最终确定相应的土地利用类型 P 值（表 5-1），其中视水域为无侵蚀发生。

表 5-1 不同土地利用类型 C 值和 P 值

项目	耕地	林地	草地	水域	建设用地	未利用地
C 值	0.20	0.05	0.30	0.00	0.00	1.00
P 值	0.15	1.00	1.00	0.00	1.00	1.00

6）泥沙截留率（Sedret_eff，SE）：是指发生侵蚀所产生的泥沙在输送搬运过程中，不同土地利用与覆被类型拦截、过滤上游地块泥沙沉积物的能力，其值越大，表明被拦截泥沙比例越大。由于目前国内对不同土地利用类型截留率的相关研究相对较少，本文从 InVEST 模型数据库中选取与研究区土地利用类型相近的截留率，并参考相似地区的研究成果（彭怡，2010；李婷等，2014），再根据数据格式要求，最终以 0～100 整形百分比表示，具体为：耕地 55%、建设用地 5%、林地 60%、草地 40%、水域 2%、未利用地 2%。

5.2.3 流域土壤侵蚀强度空间格局分析

根据国家水利部颁布的《土壤侵蚀分类分级标准》（SL 190—2007），甘肃白龙江流域无轻度侵蚀（<25 t/hm²），大部分区域处于强度侵蚀的状态，局部区域达剧烈侵蚀。在空间上，甘肃白龙江流域极强度以上的侵蚀区域主要分布在迭部西北部山区、武都大部分区域和碧口—姚渡段白龙江下游，以东南部大团鱼河、五库河、

三河等区域尤为突出。而低度侵蚀区域主要分布在巴藏—两河口段白龙江、铁坝河上游、博峪河和丹堡河等流域。时间尺度上，流域内土壤侵蚀强度最大值呈现先增长后减弱的趋势，最小值和平均值均呈现减小的态势，表明研究期间土壤侵蚀得到一定控制，生态环境有所改善。然而，局部地区仍处于剧烈侵蚀或极强度侵蚀状态，甚至个别地区呈恶化趋势，说明甘肃白龙江流域土壤侵蚀的潜在风险依然很严峻。

5.2.4 甘肃白龙江流域土壤保持时空分布特征

从空间分布来看，甘肃白龙江流域土壤保持高值区主要分布在武都区东南部和文县东部（如让水河、大团鱼河等流域），以及冻列乡—卡坝乡段的白龙江上游两岸地区，这些区域多属于地表扰动较少的石质性山区或自然保护区。土壤保持低值区域集中分布在人类活动相对频繁、工农业相对发达的舟曲县—武都区—文县段白龙江河谷沿岸地带（图5-9），这与其他学者的研究结果（宁娜，2014；巩杰等，2012；赵彩霞，2013；谢余初等，2015）相似，即土壤保持低值区与人类活动高值区、滑坡泥石流多发区相一致。

时间上，流域土壤保持强度表现为先减小后增大的趋势，各年份的土壤保持量的值域范围按时间序列依次为：1990年为226.983~1068.23t/hm²、2002年为178.057~786.291t/hm²、2014年为150.725~1369.17t/hm²。相对于1990年而言，2014年白龙江流域生态系统土壤保持高值区域增长，其增长区域主要分布在冻列乡—花园乡段的白龙江上游两岸地区；土壤保持低值区域变化不大，仍集中分布在舟曲—武都段白龙江两岸及文县关家沟和渭沟等小流域[图5-9（c）]。总体上，甘肃白龙江流域土壤保持功能得到改善，土壤保持总量增加了$3.5×10^7$t，增长幅度为3.5%。

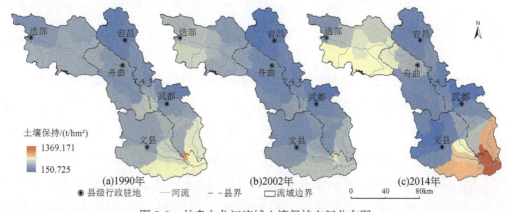

图5-9 甘肃白龙江流域土壤保持空间分布图

5.2.5 讨论

甘肃白龙江流域内土壤保持空间格局具有明显的分异性,其高值区域则主要分布在武都区东南部和文县东部(如让水河、大团鱼河等流域),以及冻列乡—卡坝乡段的白龙江上游两岸地区,这些区域多属于地表扰动较少的石质性山区或自然保护区。低值区域集中分布在人类活动相对频繁、工农业相对发达的舟曲—武都—文县段白龙江河谷沿岸地带。这与其他学者(韩金华,2010;邢钊,2012;周伟,2012;Chen et al.,2014;宁娜,2014;赵彩霞,2013)研究的灾害和生态高风险区的空间分布格局相似,即土壤保持低值区与滑坡、泥石流灾害多发区或生态高风险区相对应,间接表明了研究区内土壤保持深受地貌灾害的影响。

研究还发现,甘肃白龙江流域局部土壤侵蚀剧烈区域也是土壤保持高值区域,这可能与降水和植被覆盖度有关。降水的增加往往会导致土壤侵蚀强度加剧,但也有利于植被的生长。植被生长越好,其覆盖度往往越高,土壤保持能力越强。降水量较多的区域(土壤剧烈侵蚀区),也是植被高覆盖区(土壤保持高值区),例如迭部县西部地区。另外,依据国家颁布的土壤侵蚀分类等级,甘肃白龙江流域土壤侵蚀相对较弱的区域,其侵蚀程度仍达到侵蚀的中度或强度的级别;同时,这些区域多是土壤保持低值区,这可能与该地区气候、地形地貌和地质灾害频发有关。

5.3 流域生态系统碳储存服务

5.3.1 模型原理

InVEST 模型碳储量模块是以地表土地利用和覆被类型(或森林景观类型)为评估单元,通过将各生态系统或植被类型中的地上部分碳(C_{above})、地下部分碳(C_{below})、枯落物碳(C_{dead})(又称之为死亡有机碳)和土壤碳(C_{soil})四种碳库的平均碳密度乘以各自对应的面积来计算区域陆地生态系统碳储总量(公式5-16)。其中,地上部分碳包括地表以上所有存活的植被(树皮、树干、树枝和树叶等)中的碳,不包括地上碳库中变化特别快的碳(如短周期的蔬菜或半年生的草地)。

地下部分碳极难测定，它是指植物活根系统的碳；土壤碳一般是指矿质土壤和有机土壤中的有机碳；枯落物碳表示凋落物、枯立木或已死亡倒木中的碳（Tallis et al.，2013）。

$$C_{tot} = C_{above} + C_{below} + C_{soil} + C_{dead} \tag{5-16}$$

式中，C_{tot}表示总碳储量，C_{above}表示地上部分的碳储量，C_{below}表示地下部分的碳储量，C_{soil}表示土壤碳储量，C_{dead}表示枯落物碳储量。

5.3.2 数据来源及处理

5.3.2.1 植被生态系统碳密度数据

主要通过文献资料查阅和各县区森林清查资料估算获得（表5-2）。首先，植物碳密度主要参考文献资料（彭怡等，2013；袁志芬，2014；杨芝歌等，2012；黄从红等，2014；刘小林等，2013）和InVEST模型数据库。即根据研究区植被物种分布特征，对植被类型进行归类，收集和整理相关的文献与资料。其中，云杉冷杉类主要包括云杉（*Picea asperata* Mast.）、油杉［*Keteleeria fortunei* (Murr.) Carr.］、铁杉［*Tsuga chinensis* (Franch.) Pritz.］、红杉（*Larix potaninii* Batalin）、柳杉（*Cryptomeria fortunei* Hooibrenk ex Otto et Dietr.）、冷杉［*Abies fabri* (Mast.) Craib］、青杆（*Picea wilsonii* Mast.）等针叶林；其他松类是指落叶松［*Larix gmelinii* (Ruprecht) Kuzeneva］、华山松（*Pinus armandii* Franch.）、红松（*Pinus koraiensis* Siebold et Zuccarini）、樟子松（*Pinus sylvestris* Linn. var. *mongolica* Litv.）、白皮松（*Pinus bungeana* Zucc. et Endi）等；栎类-硬阔林是指以栎类为主的其他硬阔类林分，主要包括锐齿槲栎（*Quercus aliena* Blume var. *acutiserrata* Maximowicz ex Wenzig）、栓皮栎（*Quercus variabilis* Blume）、辽东栎（*Quercus wutaishanica* Blume）、槲栎（*Quercus aliena* Blume）、高山栎（*Quercus semecarpifolia* Smith）、麻栎（*Quercus acutissima* Carr.）、岩栎（*Quercus acrodonta* Seemen）、珙桐（*Davidia involucrata* Baill.）、青冈［*Cyclobalanopsis glauca* (Thunberg) Oersted.］、梓树（*Catalpa ovata* G. Don.）、黄连木（*Pistacia chinensis* Bunge）、榉树［*Zelkova serrata* (Thunb.) Makino］、榆（*Ulmus pumila* L.）、苦槠［*Castanopsis sclerophylla* (Lindl. et Paxton) Schottky］、柯［*Lithocarpus glaber* (Thunb.) Nakai］、栲（*Castanopsis fargesii* Franch.）、青檀（*Pteroceltis tatarinowii* Maxim.）等；杨类主要是指小叶杨（*Populus simonii* Carr.）、钻天杨［*Populus nigra* Linn. var. *italica*

(Moench) Koehne]、山杨林（*Populus davidiana* Dode）、响叶杨（*Populus adenopoda* Maxim.）等。由于大多数文献只考虑植被地上部分或未将地上和地下区分开来，因此，本书将地上和地下碳库部分合并为植被碳库（C_{veg}）。

表 5-2 不同研究区各植被类型（或土地覆被类型）碳密度值

植被类型	碳密度/(t/hm²)	分类依据（主要组成树种或优势种）	植被类型	碳密度/(t/hm²)	分类依据
云杉冷杉	46.73	云杉、铁杉、红杉、冷杉、水杉、柳杉、青杆	山地灌丛	14.70	海拔低于2500m的中低山地灌丛，如马桑灌丛、小果蔷薇
柏类	37.87	圆柏、侧柏、藏柏、岷江柏、柏木等	亚高山灌丛	14.70	海拔在2500~3500m间的灌木丛，如胡枝子、黄栌灌丛
其他松类	24.14	落叶松、华山松、红松、樟子松、白皮松等	高山灌丛	14.70	海拔大于3500m的灌丛，如高山杜鹃、金露梅、锦鸡儿灌丛
油松	32.12	油松	高寒草甸	23.16	高山草地，以蒿草高寒草甸较为常见
杨类	33.94	小叶杨、白杨、山杨林、响叶杨等	亚高山草地	23.16	亚高山草甸和草地
桦类	41.18	白桦、红桦、小叶桦等	山地草地草甸	27.20	中低山以下的草地和草甸
栎类-硬阔	38.10	锐齿槲栎、栓皮栎、辽东栎、槲栎、麻栎、高山栎、黄连木、柞栎、榉、榆、椴木等	农作物	2.26	主要有玉米、小麦、水稻、土豆、油菜、茶叶、蚕豆、花椒
常绿落叶阔叶混交	45.21	落叶阔叶林和常绿林混交林，包括落叶栎类、榆、槐、樟、青冈、桦、杨等	其他	0	无植被的土地利用类型，包括有水域、建设用地、裸岩、积雪等
针阔混交	36.94	针叶、阔叶类混交林等人工林和天然林	高寒稀疏植被	1.08	位于高山积雪季节性冻融区和高山流石滩植被

资料来源：方精云等，2002，2007，2010；Piao et al.，2005，2009；李克让等，2003；解宪丽等，2004；张国斌，2008；黄从德，2008；Sharma et al.，2010；De Vos et al.，2015；彭焕华等，2010；马琪等，2012；李海奎等，2011；周彬，2011；杨芝歌等，2012；刘世荣等，2011；王孟霞，2013；彭怡等，2013；陈智平等，2013；邓蕾，2014；曹扬等，2014；黄从红等，2014；袁志芬，2014；Toriyama et al.，2015；Chaturvedi and Raghubanshi，2015。

其次，考虑到大中尺度森林植被生物量的推算大多采用林业部门的森林资源清查资料，可以利用生物量-碳转换率方法对研究区局部区域森林植被碳储量及其密度进行估算。由于林分的蓄积量可以综合反映立地、林分状况、林龄及林分密度等要素，且与森林生物量存在着一定关系（方精云等，2007），故可利用森林资源清查资料的面积和蓄积量调查数据，按植被类型（或优势种）统计分析区域植被生物量，在此基础上，结合碳含量转换系数，计算碳储量情况。方精云等（2007）通过758组实测资料建立了全国21种森林类型蓄积量与生物量之间的关系，其具体计算公式如下。

$$\text{BEF} = a + b/x \tag{5-17}$$

$$B = \sum \text{BEF} \cdot X_i \cdot A_i \tag{5-18}$$

式中，B 为总生物量；BEF 为生物量换算因子；X_i 和 A_i 分别是某 i 树种组或森林类型的单位蓄积量和分布面积；a 和 b 均为常数。因此，可以根据研究区森林清查资料的面积和蓄积量数据，按植被类或树种进行统计分类，估算流域各森林植被（或优势种）生物量。在此基础上，结合碳含量转换系数计算碳储量。同时，本书中森林植被碳储量仅仅是指活立乔木层的碳储量，不包括森林生态系统中的灌草层、枯枝落叶层和枯死木层等（彭焕华等，2010；彭守璋等，2011）。

5.3.2.2 土壤碳密度

土壤有机碳储量的研究方法有土壤类型法、模型法、GIS 估算法、生命带类型法等，其中，土壤类型法以其方法简单、数据准确可靠且较易获取而广泛应用（陈芳等，2009），本研究主要采用的是土壤类型法。土壤有机碳密度数据主要来自甘肃省第二次土壤普查资料及实测数据（2014年8月）。首先，根据研究区土壤类型分布特征，收集和整理前人研究成果（Lal，2004；李克让等，2003；解宪丽等，2004；黄从德，2008；李海奎等，2011；周彬，2011；杨芝歌等，2012；王孟霞，2013；陈智平等，2013；黄从红等，2014）并参考《陇南土壤志》和《甘肃土壤》及中国土壤数据库等相关资料，从中选取研究区及周边地区同种土壤亚类的土壤剖面数据。同时，根据不同土壤类型和不同植被景观类型进行随机布点，并采用土壤剖面法采集土样分析土壤有机碳含量，加以补充与验证。其具体过程是，在每个随机样地内挖取 1 个表层土壤剖面，用环刀进行分层取样（0~5cm、5~10cm、10~20cm、20~30cm）。其中 0~5cm 和 5~10cm 土层采用多点混合采样法，以减少表层土壤的空间变异性，剔除土壤混合样中的植被根系及杂质、石砾，将约 1kg 土样带回实验室风干处理，并过 0.25 mm 土壤筛，采用浓硫酸-重铬酸钾外加热法进行土壤有机碳密度的测定。同时利用环刀法进行不同土层土壤容重测定。其中，土壤有机碳密度计算公式（王绍强和周成虎，1999；王绍强等，2000；王渊刚等，2013）见式（5-19）。

$$SOCD = \sum_{i=1}^{n} P_i \times C_i \times D_i / 100 \qquad (5-19)$$

式中，SOCD 为土壤有机碳密度（kg/m^2），P_i 为土壤容重（g/cm^3），C_i 为土壤有机碳含量（g/kg）；D_i 为土层厚度（cm）。

5.3.3 甘肃白龙江流域生态系统碳储量时空分布特征

在时间尺度上，甘肃白龙江流域总碳储量总体表现出先减少后增加的趋势（图5-10，表5-3）。1990~2014年流域总碳储量增加了 0.90×10^7 t，增幅为4.66%，累积到2014年全流域总碳储量达 20.26×10^7 t，表明甘肃白龙江流域生态系统固碳功能有所提升。各年份植被碳储量和土壤碳储量也表现为 2014 年>1990 年>2002 年（表5-3）。其中，2002 年甘肃白龙江流域总碳储量最低，约为 18.95×10^7 t，植被部分碳储量仅占 19.78%，而 2014 年植被碳储量约占 21.72%；表明 2002 年后退耕还林还草有利于流域气候环境的改善。从变化区域上看，相对于 1990 年，2014 年碳储量增长区域主要分布在白水江以北的桥头乡—口头坝乡段，以及武都区西南向的城郊乡—天池乡段；而在五库河和大团鱼河之间的三仓乡和枫相乡等区域变化不大 [图5-10（c）]。总之，2002 年以后，随着甘肃白龙江流域生态环境的改善，流域碳储存总量有所增加，固碳能力提升。

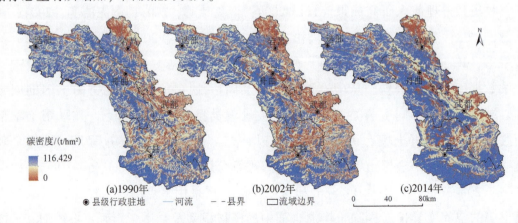

图 5-10 甘肃白龙江流域碳储存功能空间分布图

表 5-3　1990~2014 年甘肃白龙江流域植被碳、土壤碳和总碳储量统计

年份	平均碳密度/(t/hm²)			总碳储量/10⁷t		
	C_{veg}	C_{soil}	C_{tot}	C_{veg}	C_{soil}	C_{tot}
1990	21.29	83.76	105.05	3.92	15.44	19.36
2002	20.36	82.45	102.81	3.75	15.20	18.95
2014	23.86	86.08	109.94	4.40	15.86	20.26

不同类型生态系统的碳储存功能存在较大的时空差异,且与区域地形因子,如海拔、坡度、坡向等因素密切相关。例如,不同植被类型(或生态系统)及其分布和生长状况直接或间接地影响到区域碳储量的空间分布格局。坡向、海拔等地形因子造就了区域降水、蒸散发、土地利用的差异性,进而会间接或直接地影响着生态系统碳储量的空间格局。因此,本书以 1990~2014 年为研究时段,探讨和分析甘肃白龙江流域生态系统碳储存服务在不同植被类型和地形因子的时空分异特征。

5.3.3.1　甘肃白龙江流域主要植被类型碳储存特征

从不同优势种植被类型上统计碳储量分布情况可知,乔木林类植被碳储存功能方面发挥着主体作用,总体表现为:常绿针叶林>落叶阔叶林>耕地>灌丛>针阔混交林>高寒草甸>常绿、落叶阔叶混交林>落叶针叶林>常绿阔叶林>高山草地(图 5-11)。研究期内,森林类植被(乔木林)碳储量有所增加,但不同植被类型占总生物碳储

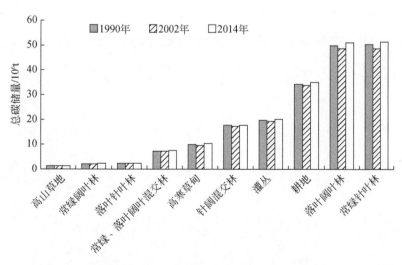

图 5-11　甘肃白龙江流域不同植被景观类型下的碳储量

量的比例变化不一致。1990~2014年，常绿针叶林的总碳储量最大，其碳储量分别为50.06×10⁶t（1990年）、48.85×10⁶t（2002年）和51.36×10⁶t（2014年），其次是落叶阔叶林植被，再次是耕地。然而，这三类植被类型碳储量高的原因却不同。常绿针叶林碳储量高的原因是由于其生物量大（长得相对较高）和木材物理密度高（碳密度高）而使得常绿针叶林的单位面积蓄积量大。落叶阔叶林主要是具有较高的生物量/材积比，耕地碳储量高的原因是由于土壤碳储量较高的缘故。

5.3.3.2 甘肃白龙江流域碳储量在不同地形因子上的分布特征

本书主要从海拔、坡度和坡向3个方面分析甘肃白龙江流域碳储量的空间分布特征。首先，研究区海拔从500多米到将近5000米，其高差极大，且峰高坡陡、山峦起伏。根据研究区实际情况，将流域海拔划分为8个级别，即≤1000m、1000~1500m、1500~2000m、2000~2500m、2500~3000m、3000~3500m、3500~4000m、>4000m。研究表明，流域内碳储量随海拔高度增加呈先增加后减小的态势。具体地，0~3000m的海拔区域，碳储量随海拔上升而不断增加，海拔3000m以上的区域，碳储量逐渐减少。从分布上看，1990~2014年，甘肃白龙江流域碳储量均主要集中在1500~3500m的海拔区段内（约占83%以上），而在海拔1000m以下区域和海拔4000m以上的区域分布相对最少［图5-12（a）］。其原因主要是：1500~3500m的海拔区段水热条件相对较好，森林分布最密集，分布有中山落叶阔叶林—中山常绿阔叶林—中山阔叶混交林—亚高山针阔混交林—亚高山常绿针叶林等乔木林，植被碳密度大，且土壤有机碳含量较高，故总体碳储量最大。海拔≤1000m的区域，其植被类型主要是农作物，其次是灌丛和草地。灌丛和草地的碳储量含量相对较少，而农作物

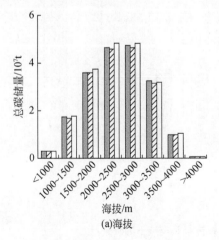

(a)海拔

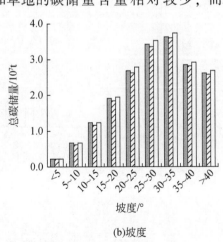

(b)坡度

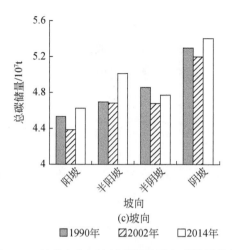

图 5-12　甘肃白龙江流域不同地形上碳储量分布

由于生长期相对较短，周转较快，其碳储存功能相对偏弱；且海拔≤1000m 区域人类干扰强度也较大，故该区域内碳储量较小。对于海拔>3500m 以上的区域，已经越过了绝大部分森林植被的林线，植被景观逐渐由灌草地、高寒草地及高寒稀疏植被等替代，至海拔 4000m 以上，植被更为稀疏，且裸岩、积雪等面积逐渐增大，故其碳储量逐渐减少。

在坡度上，甘肃白龙江流域碳储量大部分位于 20°以上，约占研究区总碳储量的 79%以上[图 5-12（b）]，这可能是该区间内坡度较陡、人类活动干扰逐渐减少，森林保存较好，植被覆盖度高，故碳储存功能相对也就较高。<10°的区间，地形上主要是平坡、缓坡和河谷等，土地利用类型上以耕地为主，同时也是居民工矿及交通建设用地、等地类的主要分布区。由于该区间人类活动频繁且大部分土地已被开发利用为耕地、居民工矿及交通建设用地，这些地类整体碳密度相对较低，故碳储存功能较低。在时间上，各坡度段表现相似，均呈现先减小后增大的趋势[图 5-12（b）]；其中，15°~25°和 25°~35°区间内碳储量变化速率相对较高。

坡向对区域碳储量的影响主要是通过改变局部微地形对太阳辐射的接收来影响植被光合作用（陈龙，2012）。对于北半球而言，阳坡接收太阳辐射相对较多，植被分解和消化有机碳的量较大，而阴坡则刚好相反。基于 DEM 数字高程提取并划分甘肃白龙江流域坡向信息为阳坡、半阳坡、阴坡、半阴坡 4 个坡向类型（屈创，2014）。按照上述分类标准得到白龙江流域的坡向分类，统计分析 1990~2014 年流域内不同坡向的总碳储量分布情况。在时间上，各坡向上总碳储量变化趋势一致，均表现出先减少后增加的趋势[图 5-12（c）]。至 2014 年，阳坡和阴坡总碳储量分别达 4.63×10^7 t、

$5.39×10^7$ t。空间上，流域内总碳储量表现为阴坡>半阴坡>半阳坡>阳坡［图 5-12（c）］。从总碳储量变化率上看，1990～2014 年，阳坡总碳储量变化率最大（2.07%），半阳坡次之（1.53%），阴坡（0.89%）和半阴坡（0.99%）的相对较小。

5.3.4 讨论

1）研究期内甘肃白龙江流域碳储量格局变化不大，总体呈现先减小后增加的趋势。其碳储存功能较高的区域主要集中在人为活动少、适合于林木生长的山林区，具体表现在白水江南岸山区、博峪河和拦坝河上中游、迭部县至巴藏乡段白龙江两岸山区、宕昌县南部山地林区。低值区域多是城镇、低覆盖的草地和农耕区，例如人类活动干扰较强的河谷地带、山前平原和盆中丘陵等农业区，以及迭部县北部高海拔的山区；这与其他学者在研究白龙江流域滑坡（周伟，2012；陈冠等，2011；齐识，2014；李淑贞，2015）或泥石流危险性（邢钊，2012；孟兴民等，2013；宁娜，2014，郭鹏等，2014）和生态风险评价（赵彩霞，2013）的结果相似。即碳储量较高的区域也是人类活动干扰较弱的低生态风险地区；而碳储存功能低值区则是生态安全不断减小区域（高风险区），也是自然灾害频发区。从土地利用类型角度看，流域碳储存功能高值区主要在林区，且以冷杉类常绿针叶林、栎类-硬阔类和针阔混交林中高山阔叶林等森林碳储量最大，这其他学者的研究成果（黄从德等，2008；方精云等，2007；李克让等，2003；李海奎等，2011；陈龙，2012；彭怡等，2013）相似，也表明森林植被是影响区域碳汇的主要地表景观，其对全球或区域生态系统碳储存功能保持具有举足轻重的地位。因此，建议研究区在维持和保护流域现存天然林等森林外，继续开展和实施植被恢复与生态建设工程（如退耕还林还草工程、天然林资源保护工程等），努力改造低产低效林。一方面，因地制宜地选择和引进碳储存功能相对较高的树种，加强本地中高山针叶林等高碳储存潜力树种的繁育工作；另一方面，积极推行和发展生态农业；在宜林荒山荒岭进行植树造林，优先发展多年生的经济林果产业，如油橄榄、核桃和油桐等；在山区草地应加强控制载畜量，减少草地退化现象。

2）研究发现，甘肃白龙江流域土壤碳储量远远大于植被碳储量，约是 4.10 倍以上；其中，乔木林类景观所对应的土壤碳密度是其植被所对应碳密度的 3.72 倍左右。可能的原因有：①研究区森林主要分布在温湿或冷湿的中山或亚高山区，人为干扰较少，植被生长缓慢，但地表枯落物丰富和腐殖质层厚，土壤有机碳含量较高，且土壤有机质分解速率缓慢，有利于碳蓄积。②可能与土壤样本数量及土层厚度有关。本研究中土壤样点数据约 160 个左右，相对较少，且主要考虑了地表的 0~30cm 土层有机碳含量，而 0~30cm 的土壤恰是整个土体中有机碳含量最高的部位，因此，研究过程中土壤有机碳含量可能偏大。③研究区林业经营模式的转变是在"退耕还林还草工程""长江流域防护林工程""天然林资源保护工程"等生态工程相继实施后，才逐渐开始的，即由砍伐转向为保护，并不断种植林木，使得林区内幼龄林和中龄林等森林分布较大，而幼龄林和中龄林碳储存功能相对较弱；且本书没有考虑植被枯落物的碳储存，故导致本书中植被碳密度及其储量相对较小。与其他地区相比较发现，澜沧江流域土壤碳密度也远高于植被的，分别是植被、森林和乔木平均碳密度的 10 倍、5 倍与 4 倍（陈龙，2012）；四川森林生态系统土壤层总碳储量和平均碳密度约是森林乔木层（天然林）的 5.42 倍和 4.17 倍（黄从德，2008）；全国尺度上，有林地、落叶阔叶林、常绿针叶林和混交林所对应的土壤碳储量分别是其植被对应碳储量的 2.63 倍、2.23 倍、2.27 倍和 4.22 倍（李克让等，2003）。由此可见，土壤碳储量在整个生态系统中占有重量级地位，也是区域碳储量的主要来源。

3）不同地形因子中，甘肃白龙江流域总碳储量随海拔梯度升高而增大，并在 3500m 以后出现下降；其总碳储量均主要集中在 1500~3500m 的海拔区段内，且峰值出现在海拔 2750~3000m。在不同地形因子上，陡坡区域碳储量大于平坡区域，阴坡略大于阳坡，与其他学者研究的结果（黄从德，2008；陈龙，2012；彭怡等，2013）相似，但也存在一些轻微差别，主要表现在总碳储量峰值在海拔梯度出现的次数和具体位置上。甘肃白龙江流域总碳储量变化呈现单一峰值的正弦曲线（2750~3000m），而在澜沧江流域和汶川地震灾区的碳储量变化均出现双峰值，分别出现低山海拔区域（1100m 和 750m）和亚高山海拔区域（3500m 和 3250m）。究其原因，这可能与不同海拔梯度分布的地表植被类型（尤其是森林类型）和人为干扰程度有关。甘肃白龙江流域地处北温带，相对于澜沧江流域和汶川地震灾区而言，其地理位置更靠北（即纬度更高一点），流域内没有像澜沧江流域或四川省林区存在着热带山地雨林或季雨林或亚热带中低山常绿阔叶林或南温带常绿阔叶林等森林类型，也没有南温带低地平原、盆地、丘陵等地貌，故在低山地区没有出现峰值。而在海拔 2750~3000m 达到最值，主要是这里分布了大量的中高山针阔混交林和亚高山常绿针叶林，例如云杉、冷杉类、松类等乔木林广泛分布，且人类活动在该区域逐渐减少，这与澜沧江流域、汶川地震灾区等最值出现在海拔 3200~3600m 的原因相似。

5.4 流域生态系统产水服务

5.4.1 InVEST模型产水量模块方法

InVEST模型产水量（water yield）模块是一种以栅格为单元的水量平衡估算模块。它在考虑了气候因子和水循环之间的关系，简化汇流过程基础上，假设栅格水源供给服务通过以上任意一种方式到达出水口，且每个栅格单元水源供给量（包括地表产流、土壤含水量、枯落物持水量和冠层截流量）等于降水量减去实际蒸发量，模拟区域水源供给量的空间分布（Tallis et al.，2013；Marquès et al.，2015；傅斌等，2013；包玉斌等，2015）。同时，模型认为每个栅格单元的降雨量和蒸散量是与气象要素、土壤、地形和地表覆盖（土地利用或植被覆盖）类型等密切相关（Tallis et al.，2013）。具体模块的计算过程如下。

$$Y_{xj} = \left(1 - \frac{\text{AET}_{xj}}{P_x}\right) \times P_x \tag{5-20}$$

$$\frac{\text{AET}_{xj}}{P_x} = \frac{1 + \omega_x R_{xj}}{1 + \omega_x R_{xj} + \frac{1}{R_{xj}}} \tag{5-21}$$

$$\omega_x = Z \frac{\text{AWC}_x}{P_x} \tag{5-22}$$

$$R_{xj} = \frac{k_{xj} \cdot \text{ET}_0}{P_x} \tag{5-23}$$

$$\text{AWC}_x = \text{Min}(\text{MSD}_x, \text{RD}_x) \times \text{PAWC}_x \tag{5-24}$$

式中，Y_{xj}为景观类型j上栅格单元x的年产水量（m³）；AET_{xj}为景观类型j上栅格单元x年平均蒸散发量；P_x为栅格单元x的年均降雨量；AET_{xj}/P_x为Zhang系数，由Zhang等（2001）在Budyko曲线基础上提出的近似算法；ω_x为表征自然气候—土壤性质的非物理参数，无量纲；R_{xj}为景观类型j上栅格单元x的干燥指数，无量纲；AWC_x为植物可利用水含量；k_{xj}为作物系数，是景观类型j在栅格单元x上的蒸散量ET与潜在蒸散量ET_0的比值，在模型中又称之为植被蒸散系数；Z系数为季节性因子，由降雨的季节分布决定，取值为1~10；ET_0为潜在蒸散量（mm）；MSD_x（max soil depthx）为最大土壤深度；RD_x（root depthx）为根系深度，Min（MSD_x，RD_x）

为取括号内两者最小值，$PAWC_x$ 为土壤含水量（%）。

5.4.2 数据处理

InVEST 模型水源供给服务模块输入参数有降雨量、潜在蒸散量、土地利用/覆盖类型、土壤厚度、土壤有效含水量以及生物物理参数表等。

1）降雨量（P）：以甘肃白龙江流域内及其周边气象站点 1981~2014 年降雨资料为数据（图2-4），通过反距离加权插值法对降雨数据进行空间插值，获得研究区多年平均降雨量空间分布栅格数据。

2）潜在蒸散发量（ET_0）：是指假设平坦地面被特定矮秆绿色植物全部遮蔽，同时土壤保持充分湿润情况下的蒸散量，可通过采用 FAO 1998 年给出的修正 Penman-Monteith 方程计算获得。具体计算公式如下。

$$ET_O = ET_{rad} + ET_{aero} \tag{5-25}$$

$$ET_{rad} = \frac{0.48\Delta(R_n - G)}{\Delta + \gamma(1 + 0.34U_2)} \tag{5-26}$$

$$ET_{aero} = \frac{\gamma \dfrac{900}{T+273} U_2 (e_s - e_a)}{\Delta + \gamma(1 + 0.34U_2)} \tag{5-27}$$

$$R_n = (1-\alpha)\left[0.25 + 0.5\left(\frac{n}{N}\right)\right]R_a - \sigma\left[\frac{T_{max,k}^4 + T_{min,k}^4}{2}\right](0.34 - 1.35\sqrt{e_a})\left(1.35\frac{R_s}{R_{so}} - 0.35\right) \tag{5-28}$$

式中，ET_{rad} 为辐射项（mm/d），ET_{aero} 为空气动力学项（动力项，mm/d），R_n 为净辐射，Δ 为水汽压对温度的斜率（kPa/℃），G 为土壤热通量（MJ/(m²·d)，本文忽略不计），γ 为干湿球常数，U_2 为 2m 高处风速（m/s），e_s 为饱和水汽压（kPa），e_a 为实际水汽压（kPa），α 为冠层反射系数，σ 为 Stefan-Boltzmann 常数 $[4.903\times10^{-9} MJ/(K^4 \cdot m^2 \cdot d)]$，$T_k$ 为绝对温标温度（K），n 为实际日照时数，N 为可照时数，R_a 为天文辐射，R_s 为太阳辐射，R_{so} 为晴天辐射。

3）土地利用类型图（LC）：通过国际科学数据服务平台和美国地质调查局（United States Geological Survey，USGS）平台获取 landsatTM/ETM+遥感影像进行人工目视解译获得，结合研究区实际景观类型将土地利用类型共划分为 6 个大类，即耕地、林地（有林地、灌木林地、疏林地、其他林地）、草地（高覆盖高低、中覆盖草地、低覆盖草地）、水域（河流、湖泊水库）、建设用地、未利用地（沙地裸地、高山积雪、裸岩）。同时，利用地形图和 Google Earth 高分辨率影像（2010 年），对土地利用解译结果和植被覆盖情况进行野外选点验证并访谈当地居民，经统计各土地利用与覆被的解译精度均在 84% 以上。

4）甘肃白龙江江流域（watershed）与子流域（sub-watershed）是基于 DEM 数据在 ArcSWAT 平台上提取获得（图 2-5），其 DEM 数据来源于中国地理空间数据云网站。

5）土壤厚度（soil depth）是在分析流域土壤类型分布图的基础上，根据野外土壤样点剖面数据，以及从中国土壤数据库中选择甘肃白龙江流域及其周边地区同种土壤亚类的土壤剖面数据，并参考《甘肃土壤》和《陇南土壤》等资料，取其平均值作为各土壤类型的厚度，数据由甘肃省土壤肥料工作站、中国科学院西部数据中心共享平台和中国科学院资源环境科学数据中心提供。

6）植被可利用水为田间持水量（field moisture capacity，FMC）和永久萎蔫系数（wilting coefficient，WC）两者之间的差值。田间持水量和永久萎蔫系数可通过经验公式计算获得（Gupata and Larson，1979）。

$$
\begin{aligned}
FMC = & 0.003075 \times Sand(\%) + 0.005886 \times Silt(\%) + 0.008039 \times \\
& Clay(\%) + 0.002208 \times OM(\%) - 0.14340 \times BD
\end{aligned} \quad (5\text{-}29)
$$

$$
\begin{aligned}
WC = & -0.000059 \times Sand(\%) + 0.001142 \times Silt(\%) + 0.005766 \times \\
& Clay(\%) + 0.002208 \times OM(\%) + 0.0261 \times BD
\end{aligned} \quad (5\text{-}30)
$$

式中，Sand(%)、Silt(%)、Clay(%)、OM(%) 和 BD 分别表示砂粒含量（%）、粉粒含量（%）、黏粒含量（%）、有机质含量（%）和土壤容重（g/cm³）。同时，参考甘肃白龙江流域土壤水分含量的空间分布特征和周文佐（2003）、周文佐等（2005）对中国植物可利用水含量的研究研究结果，在此基础上结合实测数据按景观类型统计获得。

7）生物物理表反映了研究区土地利用和土地覆盖类型的属性，包括土地利用编码、植被最大根深、蒸散系数等。植被最大根深数据和蒸散系数主要参考前人研究成果（Canadell et al.，1996；徐佩等，2007；彭怡，2010；周彬，2011）、联合国粮食及农业组织蒸散系数（作物系数）参考值和 InVEST 模型数据库资料按土地利用类型（或景观类型）（Tallis et al.，2013）创建 dbf 数据获得。

5.4.3　甘肃白龙江流域产水量时空分布特征

1990～2014 年，甘肃白龙江流域产水量空间分布格局变化不大，总体呈现一定的规律性。研究区产水量高值区集中在武都区东南部和文县南部地区，多年平均产水量为200～300mm；西北部地区次之，其多年平均产水量为140～200mm；中部地区相对最小，其多年平均产水量为50～140mm（图5-13）。整个研究期内，流域产水量总体呈现先减少后增加的变化特征。1990～2002年，大面积的草地和林地转为耕地，生态系统持续退化，1999年后由于实施了"退耕还林还草工程""长江流域防护林工程""天然林资源保护工程"等生态保护和建设工程，生态退化现象得到了一定程度的遏制和恢复，故而2014年流域产水能力有所提升。甘肃白龙江流域产水量分布格局与流域年均降水量和植被分布格局有着直接的关系，即年均降水量高、植被蒸散量低的区域，其产水能力较强。

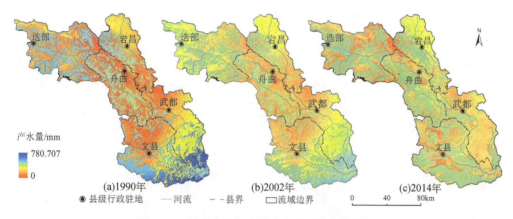

图5-13　甘肃白龙江流域产水量时空变化特征

不同类型生态系统产水量存在较大的时空差异，且与降水、蒸散发、土地利用/覆盖变化、地形、土壤渗透和植被蒸腾等多因素密切相关（张远东等，2011；陈昌春等，2014；Tallis et al.，2013），例如不同植被类型（或生态系统）对降雨的截留、下渗、蒸发等水文要素及其产流过程的作用也不尽相同，以及植被分布和生长状况也会影响到产水量的空间格局（张远东等，2011；陈昌春等，2014；孙艳伟等，2015）；地形因子（如坡向、海拔等）造就了区域气候和下垫面差异，进而会间接或直接地影响着区域产水量时空格局。因此，本书以1990～2014年流域产水量为研究对象，探讨和分析区域产水服务在不同植被类型和地形因子上的时空分异特征，旨在了解和认知甘肃白龙江流域产水量供给服务。

5.4.3.1　甘肃白龙江流域主要植被类型水源供给量

利用ArcGIS空间分析对各植被景观类型的产水功能进行分区统计，得到研究区

1990年、2002年、2014年三期各植被类型平均产水量和总产水量。1990年,各植被景观平均产水量排序依次为阔叶混交林>落叶阔叶林>常绿针叶林>高山草地>针阔混交林>耕地>落叶针叶林>常绿阔叶林>高寒草甸>灌丛。2002年,各植被景观平均产水量与1990年的大致相似。2014年,各植被景观平均产水量中阔叶混交林依然最大,常绿针叶林次之,灌丛最小[图5-14(a)]。从总产水量供给量上看,乔木类森林景观发挥着主体作用,总体表现为:落叶阔叶林和常绿针叶林总产水量最大,分别约占总产水量的26.63%和26.05%;耕地次之,约占18.7%,高山草地最小[图5-14(b)]。1990~2014年,各植被类型产水量总体表现出波动减少的趋势。

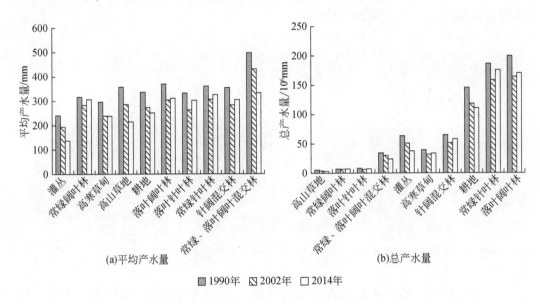

图5-14 甘肃白龙江流域不同植被类型下水源平均产水量、总产水量分布状况

5.4.3.2 地形因子对流域产水量的影响

甘肃白龙江流域产水量在不同海拔梯度上分布特征情况如图5-15(a)。在2500m以下的区段内,流域产水量随海拔抬升而不断增加;在2500m以上的海拔区域,产水量开始随海拔升高而逐渐减少。甘肃白龙江流域产水量主要集中在100~3500m的海拔区段内,约占总产水量的91%以上,而分布在1000m以下区域和4000m以上的区域则相对较小。在时间上,1990~2014年,2000m以下和3000m以上区段流域生态系统产水量不断减少,2000~3000m区域呈现先减少后增长的趋势。

坡度分布上,35°以下区段,流域产水量随坡度增加而增加;以上区段不断减

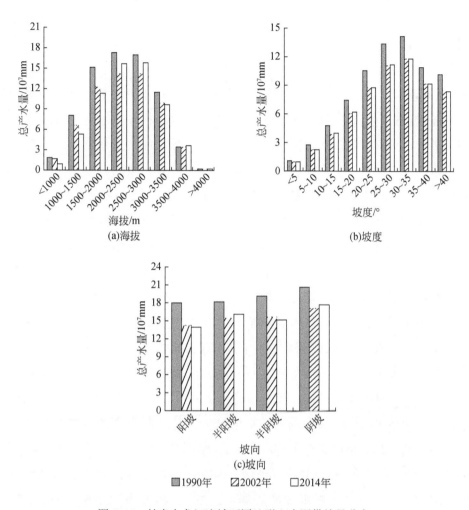

图 5-15 甘肃白龙江流域不同地形上水源供给量分布

少。且产水主要集中在 25°~35°坡度区间，约占研究区产水量的 61% 以上。1990~2014 年，0°~10°的坡度区间内水源供给量变化不大；≥10°以上的坡度区间，水源供给量则表现出先骤降后缓慢增加的态势 [图 5-15（b）]。

对不同坡向上产水量能力进行分析，结果见图 5-15（c）。可以看出不同坡向上产水量略有差异，但总体上阴坡向的产水量略大于阳坡向的。阴坡和半阴坡产水量约占 51%，其平均产水量为 404.9mm；阳坡和半阳坡的则占 49% 左右，其平均产水量约为 367.7 mm。各坡向之间，流域内产水总量大致表现为阴坡>半阴坡>半阳坡>阳坡。在时间上，1990~2010 年，阳坡和半阴坡产水量不断下降；半阳坡和阴坡则呈现先减少后缓增的趋势。

5.4.4 讨论

1) 研究期内甘肃白龙江流域产水量呈现先减少后增加的趋势，其分布格局变化不大。从植被景观类型上看，林地水源供给量最大（以冷杉类常绿针叶林，栎类、硬阔类中高山阔叶林等森林景观水源供给量相对较大），农田生态系统次之，这与流域气象因子（降水、潜在蒸散等）和下垫面分布面积（植被分布格局）有关。流域内降水是生态系统水分循环的主要来源，潜在蒸散间接反映区域生态系统的水分消耗能力（潘韬等，2013），下垫面状况及其空间分布又影响着流域生态系统水源供给能力的分布格局（陈昌春等，2014）。空间分布上，甘肃白龙江流域水源供给量较高的区域主要分布在降雨充沛且森林生长繁茂的山林区，如白水江南岸山区、迭部达拉、阿夏、多尔等林场、宕昌县南部山地林区，这与流域内降水多、森林面积大有关。这些区域降水量较高，空气相对湿润，同时林区内老龄暗针叶林蒸散量低，具有较高的产水量；当老龄暗针叶采伐后，人工林和次生林又没有迅速成长起来，流域产水量增加，但是随着时间的推移，植被生长与恢复演替进入灌丛、次生阔叶林、针阔混交林或人工云杉林混杂生长阶段，森林覆盖率增加，产水量将会下降（张远东等，2011）。即在相同气候背景条件下，流域水源供给量会随着植被的恢复、林地面积比例的扩大而呈现减少的趋势。这种现象及其分布格局与于桥水库（孙艳伟等，2015）、密云水库上游（王大尚等，2014；李屹峰等，2013）、澜沧江流域（陈龙，2012）等区域或水源供给量分布格局相似。但与三江并流区（林世伟和武瑞东，2015；林世伟，2016）的分布略有一点差异，主要表现在冰雪冰川上，这主要是因为三江并流区属于高寒海拔地带，冰雪覆盖广泛，因此其产水功能较高，而甘肃白龙江流域冰雪冰川面积相对极少，且多为季节性积雪，故对流域产水过程影响相对较弱。另外，农田生态系统对降雨的拦截能力较弱，根系较浅，且耕地面积较大，因此农田水源供给总量较大。

2) 不同地形因子中，甘肃白龙江流域产水量先随海拔升高而增大，至3500m以上开始逐渐减少，其产水量主要集中在1500~3500m的海拔区段内；这可能与森林分布格局有关。1500~3500m的海拔区段降雨量较高，森林繁茂且分布广泛，水源涵养能力较强。而≤1000m的低海拔区域主要是以耕地为主，其次是山地灌丛，其水源涵养能力相对较弱。海拔>3500m的区域，已经越过了绝大部分森林植被的林线，地表植被景观逐渐变为灌草地、高寒草地、高寒稀疏植被及裸岩等，降雨量也相对减少，故其产水量相对较小。同时，在不同坡度坡向上，流域产水量主要集中在25°~35°的陡坡中，阴坡的产水量略大于阳坡的。这些现象与其他学者研究的结果（陈龙，2012；傅斌等，2013；张媛媛，2012；林世伟和武瑞东，2015）相似，这也主要是受到降雨与森林分布的影响。

5.5 流域生态系统服务变化

5.5.1 生态系统服务变化指数

借助生态系统服务变化指数（ecological services change index，ESCI）（李晶等，2016）对各项生态系统服务的变化进行刻画，用以指征每项生态系统服务的相对增益或损失。ESCI值为0时表明生态系统服务没有变化，即无增益无减损；当为负值时表示有减损；为正值时表示有增益。其计算公式为

$$\mathrm{ESCI}_x = \frac{\mathrm{ES}_{\mathrm{CUR}_x} - \mathrm{ES}_{\mathrm{HIS}_x}}{\mathrm{ES}_{\mathrm{HIS}_x}} \tag{5-31}$$

式中，ESCI_x 表示单个生态系统服务变化指数，$\mathrm{ES}_{\mathrm{CUR}_x}$ 代表最后状态下的生态系统服务，$\mathrm{ES}_{\mathrm{HIS}_x}$ 代表初始状态下的生态系统服务。

5.5.2 生态系统服务的时间变化

分别以1990年和2002年数据作为最初生态系统服务状况；相应地，以2002年和2014年数据为最终生态系统状况，得到1990~2002年和2002~2014年两时段的产水、碳储存、土壤保持和农作物生产4种生态系统服务的ESCI（表5-4）。

表5-4 不同研究时段流域生态系统服务变化指数

时段	产水	碳储存	土壤保持	农作物生产
1990~2002年	[-1, 1.93)	[-1, 1.12)	(-0.27, 0.51)	(-0.32, 0.20)
2002~2014年	[-1, 4.09)	[-1, 1.12)	(-0.43, 0.78)	(0.59, 4.26)

由表5-4可知，产水、碳储存、土壤保持和农作物生产的ESCI变化迥异。从损益变化来看，除农作物生产在2002~2014年为完全增益状态外，其他三种服务在1990~2002年及2002~2014年均有增减。从ESCI数值来看，产水服务在两个时段

的 ESCI 最大值相差超过 1 倍，表明局部地区的产水服务变化加剧；碳储存 ESCI 值在两个时段内几近相同，表明流域内的碳储量变化比较均匀；而土壤保持 ESCI 极值均有变化且趋向两极分化（即最大值变大，最小值变小），这种两极分化趋向表明流域土壤保持增益、减损的异质性增强；农作物生产 ESCI 值的变化表明，流域农作物生产不断增强，增益状态发展显著。

利用 GIS 技术对流域的产水、碳储存、土壤保持及农作物生产的 ESCI 进行空间化制图，得到不同研究时段内 4 种生态系统服务 ESCI 的空间变化分布情况（图 5-16）。其中，产水在不同时期内 ESCI 分布格局有较大出入，流域中部从 1990~2002 年时段的减损状态转变为 2002~2014 年时段的增益状态，程度明显，而南北两端局地减损突出[图 5-16（a）、图 5-16（e）]。碳储存无论是总体还是局部的分布格局大致相似，但在 2002~2014 年流域内部的增益范围相较于 1990~2002 年时段更大[图 5-16（b）、图 5-16（f）]。土壤保持在前后两时段表现出完全相反的分布格局：1990~2002 年，仅流域北部表现出增益状况且增益不明显，中部和南部均表现为减损，越往南部减损加剧；2002~2014 年，流域北部转增益为减损，同时流域中部和南部转减损为增益，转变幅度均大于前一时段，流域南部的局部地区增益显著[图 5-16（c）、图 5-16（g）]。除流域中东部两县区维持不明显的增益外，1990~2002 年农作物生产减损明显；2002~2014 年农作物生产在北部三县增益减弱，南部两县区增益显著[图 5-16（d）、图 5-16（h）]。

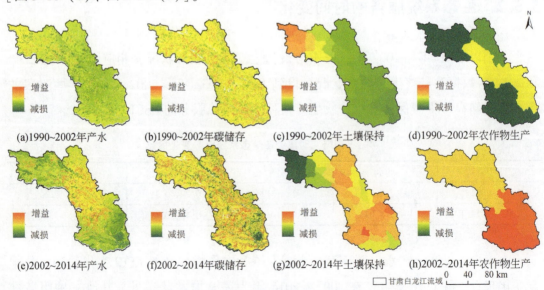

图 5-16　甘肃白龙江流域不同研究时段 ESCI 空间分布图

5.5.3 流域生态系统服务的局部自相关分析

生态系统服务变化指数（ESCI）不仅能反映生态服务的时序变化，也能反映某一种特定生态服务变化的方向，可较全面地指征生态系统服务在时间尺度上的变化状况。基于 ArcGIS 10.2 空间统计的局部自相关模块，以流域内行政区的乡镇范围为基本单元，开展流域生态系统服务空间特征分析，反映空间尺度上的生态系统服务变化状况。

由于自然环境演化、社会经济发展以及人类活动的干扰等作用，空间自相关在整个研究区并不一定是均质的，可能随着空间位置的不同发生变化。因此本书在产水、碳储存和土壤保持3种生态系统服务均存在全局空间自相关（表5-5）的前提下，基于绘制 LISA 图进行局部自相关分析，探究其是否存在空间异质性。

表5-5 甘肃白龙江流域生态系统服务的 Moran's I 估计值

年份	产水	碳储存	土壤保持
1990	0.487	0.228	0.501
2002	0.515	0.235	0.454
2014	0.193	0.305	0.517

研究区3种生态系统服务呈现出差异化的聚集特征，空间异质性显著：与1990年相比，2002年流域产水服务显著高高聚集单元由11个下降到9个，流域南部集中区域缩小，转移至西北部1个［图5-17（a）、图5-17（b）］，显著低低聚集单元在原集中区域增加了2个［图5-17（a）、图5-17（b）］；2014年产水服务显著高高聚集单元下降到7个，南部集中区域显著缩小，分散至流域西北部、东北部和中部［图5-17（a）、图5-17（c）］，显著低低聚集单元减少到18个，集中区域向南部转移［图5-17（a）、图5-17（c）］；2002年流域碳储存显著高高聚集单元由1990年的4个上升到12个，南部、西北部集中区域扩大［图5-17（d）、图5-17（e）］，显著低低聚集单元减少到17个，集中区域缩小，但分布大致相同；2014年碳储存显著高高聚集单元为4个，集中区域与1990年大致相似，即主要分布在流域西南部和中部［图5-17（d）、图5-17（f）］，而显著低低聚集单元与1990年数目相同，且分布大致相同；土壤保持功能在1990年、2002年和2014年中，显著高高聚集单元与低低聚集单元数目上均逐年增加，1990年和2014年显著高高聚集单元分布在流域南部，2002年分布在流域南部和西北部；显著低

低聚集单元均分布在流域东北部和中部［图 5-17（g）、图 5-17（h）、图 5-17（i）］。

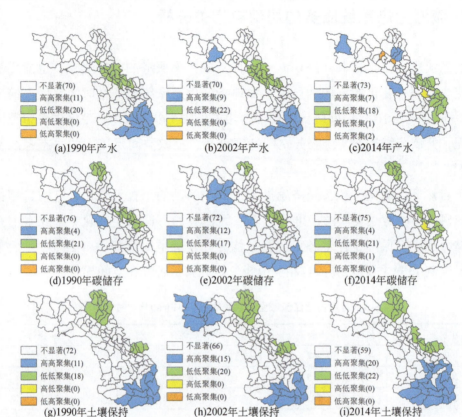

图 5-17　1990～2014 年甘肃白龙江流域 3 种典型生态系统服务局部 LISA 图

综上所述，白龙江流域 3 种典型生态系统服务在空间分布上呈现出一定的聚集性规律，正相关类型（高高聚集和低低聚集）"组团"，聚集性较强；负相关类型（高低聚集和低高聚集）散布，聚集性低。

5.5.4　结论与讨论

5.5.4.1　结论

借助生态系统服务变化指数 ESCI 指征流域各项生态系统服务的相对增益或损失，研究发现：

1）1990～2014 年，甘肃白龙江流域产水、碳储存、土壤保持和农作物生产这 4 种典型生态系统服务的 ESCI 值域变化迥异：其各自的 ESCI 值域表现出持平、两级分化和倍增等不同变化趋势；且空间分布各具特色：①相同研究时段内，不同生态系统服务的 ECSI 分布格局不同；②不同研究时段内，相同生态系统服务的 ESCI 分布不同。

2）流域产水、碳储存、土壤保持和农作物生产这 4 种生态系统服务在全局上均呈现明显的聚集特征，其中产水的 Moran's I 先增后减，土壤保持的 Moran's I 先减后增，碳储存的 Moran's I 均呈增加趋势。局部呈现出差异化的聚集特征且空间分布格局变化明显，3 种典型生态系统服务的显著高高聚集单元及显著低低聚集单元数目均有增减变化，集中区域的分布范围或位置上亦有变化。

5.5.4.2 讨论

1990~2014 年，由于人类活动干扰、自然灾害频发、退耕还林还草政策的实施等，甘肃白龙江流域生态系统结构已经发生了重大变化：相较于 1990 年，2014 年流域的耕地面积减少了 34.84%，林地面积增加了 30.79%，草地减少了 16.56%，居民工矿及城市建设用地增加了 66.57%，水域增加了 90.87%，未利用地减少了 11.88%。生态系统结构的变动在很大程度上会导致生态系统服务功能发生相应的转变（李鸿建等，2016）。

人类活动可通过土地利用直接或间接地改变景观格局，加之甘肃白龙江流域灾害多发，使得流域景观稳定性下降，破碎化程度加剧（Chen et al., 2014），降低流域生态系统服务，而气温、降水等气候因子在不同尺度、不同区域、不同程度上都影响着生态系统服务。因此流域 3 项典型生态系统服务 ESCI 的值域和空间分布在两个时段均表现出不同特征，即生态系统服务减损/增益状态发生改变，主要受土地利用变化、人类活动、气温、降水以及自然灾害等因素的共同影响。

5.6 典型生态系统服务类型间的权衡与协同

5.6.1 权衡/协同关系的数值体现

以乡镇单元为基础，进行生态系统服务的分区统计，再将其数值进行标准化，并计算整个研究时段（1990~2014 年）的变化量，最后将变化值导入 SPSS 中进行双变量相关性分析，从而得到产水、土壤保持和碳储存的相关性（表 5-6）。相关性分析表明：流域产水与土壤保持、产水与碳储存之间均有较强的协同关系（相关系数绝对值最高达0.479）。具体来讲：产水与土壤保持、产水与碳储存都为显著正相关，均呈相互增益的协同关系（相关系数分别为0.222和0.479），主要是由于水是联系和控制生态系统类型、结构、过程和功能的关键要素之一（Fu et al., 2013），稳定的水源供给也是维护流域其他生态系统服务的基础（Maes et al., 2012）；土壤保持和碳储存为负相关，呈此消彼长的权衡关系（相关系数为-0.006）。

表5-6　1990~2014年甘肃白龙江流域3种生态系统服务相关关系

生态系统服务	产水	土壤保持	碳储存
产水	1.000		
土壤保持	0.222**	1.000	
碳储存	0.479**	-0.006	1.000

**表示在0.01水平（双侧）上显著相关。

5.6.2　权衡/协同关系的空间表达

为了解流域内不同生态系统服务在空间上的权衡/协同关系，本书以乡镇为基础单元，将生态系统服务分区统计结果赋值到矢量图层中，后导入GeoDa软件，利用Weight模块建立空间权重矩阵，并在Space模块进行生态系统服务双变量局部空间自相关分析，分析结果的显著度均高于99%。

对比相关性分析（表5-6）和Moran's I 指数（表5-7）可知流域3种典型生态系统服务间的权衡协同关系：产水-碳储存、产水-土壤保持的时空表现不一致，时间上为协同关系，空间上为权衡关系。碳储存-土壤保持的时空表现均较为模糊，权衡/协同关系不明晰。

表5-7　1990~2014年甘肃白龙江流域3种生态系统服务局部自相关Moran's I

指数	产水-碳储存	产水-土壤保持	碳储存-土壤保持
Moran's I	-0.121	-0.122	0.021

在双变量空间自相关分析中，高-高聚集及低-低聚集均表示协同关系，高-低聚集及低-高聚集均表示权衡关系。由图5-18可知，生态系统服务间的权衡/协同关系空间异质性显著，具体为：产水-碳储存空间上主要表现为权衡关系，分布在

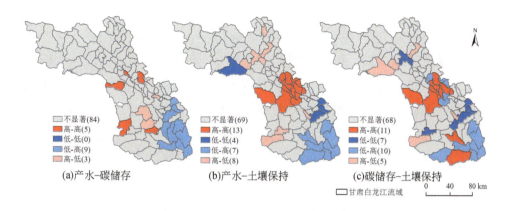

图 5-18　1990～2014 年甘肃白龙江流域 3 种典型生态系统服务间局部 LISA 图

武都区南部及文县北部；产水-土壤保持权衡表现在武都区南部、文县东南部及舟曲县东北部，协同表现在舟曲县南部、武都区中北部及迭部县南部；碳储存-土壤保持权衡表现为武都区南部、文县西南部，协同表现为武都区中北部及舟曲县南部等（图 5-18）。

5.6.3　结论与讨论

科学认知不同类型生态系统服务之间权衡关系是实现生态系统可持续管理的前提（郑华等，2013）。"生态系统服务权衡"一词既可以指生态系统服务供给之间此消彼长的权衡关系，也可强调生态系统服务消费取舍的权衡行为（彭建等，2017）。因此，生态系统服务权衡能够天然地将关系认知与行为决策结合在一起，是地理学研究从科学到决策转型的核心途径（彭建等，2017）。

研究表明，流域碳储存与土壤保持的权衡/协同关系不明晰，产水与土壤保持、产水与碳储存时间上均呈较强的协同关系，空间上呈较弱的权衡关系。不同学者对土壤保持和碳储存的权衡协同关系研究在不同的区域得到的结论也不同。如白杨等（2013）在白洋淀地区的研究表明这两者之间存在显著的正相关；Egoh 等（2009）在南非的研究表明这两者之间表现为显著的负相关；林世伟（2016）在三江并流区的研究发现两者间的几乎没有相关性；而在本研究中两者之间表现为微弱的负相关（相关系数仅为 -0.006）。其可能原因是不同地域的自然及社会环境存在显著差异，致使研究结果表现出区域上的明显差异性。

相关系数法能够直接揭示生态系统服务权衡/协同的数值关系，双变量空间自相关可表征生态系统服务的权衡/协同的空间关系，但仍无法充分反映生态系统服务内部机理和作用机制，未来还需要借助别的方法手段进一步地探讨和深入分析。此外，生态系统服务可分为支持、供给、调节、文化等多种类型，本研究仅对供给服务和调节服务这两种进行分析，未来应加强甘肃白龙江流域生态系统服务的全面评估，并在此基础之上，依据生态系统服务的空间自相关分布格局，对流域进行划区，针对性地提出生态系统服务及人类活动管控的对策和建议。

参 考 文 献

白杨, 郑华, 庄长伟, 等. 2013. 白洋淀流域生态系统服务评估及其调控. 生态学报, 33 (3): 711-717.

包玉斌, 刘康, 李婷, 等. 2015. 基于 InVEST 模型的土地利用变化对生境的影响——以陕西省黄河湿地自然保护区为例. 干旱区研究, 32 (3): 622-629.

曹扬, 陈云明, 晋蓓, 等. 2014. 陕西省森林植被碳储量、碳密度及其空间分布格局. 旱区资源与环境, 28 (9): 69-73.

陈昌春, 张余庆, 项瑛, 等. 2014. 土地利用变化对赣江流域径流的影响研究. 自然资源学报, 29 (10): 1758-1769.

陈芳, 盖艾鸿, 李纯斌. 2009. 甘肃省土壤有机碳储量及空间分布. 干旱区资源与环境, 23 (11): 176-181.

陈冠, 孟兴民, 郭鹏, 等. 2011. 白龙江流域基于 GIS 与信息量模型的滑坡危险性等级区划. 兰州大学学报 (自然科学版), 47 (6): 1-6.

陈龙. 2012. 澜沧江流域典型生态系统服务与生物多样性及其空间格局研究. 北京: 中国科学院地理科学与资源研究所博士学位论文.

陈智平, 李晓兵, 赵万奎. 2013. 甘肃兴隆山国家级自然保护区主要森林碳汇功能及经济价值评价. 甘肃林业科技, 39 (3): 14-17.

邓蕾. 2014. 黄土高原生态系统碳固持对植被恢复的响应机制. 杨凌: 西北农林科技大学博士学位论文.

方精云, 陈安平, 赵淑清, 等. 2002. 中国森林生物量的估算: 对 Fang 等 Science 一文 (Science, 2001, 291: 2320~2322) 的若干说明. 植物生态学报, 26 (2): 243-249.

方精云, 郭兆迪, 朴世龙, 等. 2007. 1981-2000 年中国陆地植被碳汇的估算. 中国科学: 地球科学, 37 (6): 804-812.

方精云, 杨元合, 马文红, 等. 2010. 中国草地生态系统碳库及其变化. 中国科学: 生命科学, 40 (7): 566-576.

傅斌, 徐佩, 王玉宽, 等. 2013. 都江堰市水源涵养功能空间格局. 生态学报, 33 (3): 789-797.

傅伯杰, 张立伟. 2014. 土地利用变化与生态系统服务: 概念、方法与进展. 地理科学进展, 34 (4): 441-446.

傅伯杰, 周国逸, 白永飞, 等. 2009. 中国主要陆地生态系统服务功能与生态安全. 地球科学进展,

24（6）：571-576.

巩杰, 赵彩霞, 王合领, 等. 2012. 基于地质灾害的陇南山区生态风险评价——以陇南市武都区为例. 山地学报, 30（5）：570-577.

巩杰, 高彦净, 张玲玲, 等. 2014a. 基于地形梯度的景观生态风险空间分析——以甘肃省白龙江流域为例. 兰州大学学报（自然科学版）, 50（5）：692-698.

巩杰, 谢余初, 赵彩霞, 等. 2014b. 甘肃白龙江流域景观生态风险评价及其时空分异. 中国环境科学, 34（8）：2153-2160.

韩金华. 2010. 基于GIS的白龙江流域泥石流危险性评价研究. 兰州：兰州大学硕士学位论文.

胡胜, 曹明明, 张天琪, 等. 2015. 基于InVEST模型的小流域沉积物保留生态效益评估——以陕西省营盘山库区为例. 资源科学, 37（1）：76-84.

黄从德. 2008. 四川森林生态系统碳储量及其空间分异特征. 雅安：四川农业大学博士学位论文.

黄从德, 张健, 杨万勤, 等. 2008. 四川省及重庆地区森林植被碳储量动态. 生态学报, 28（3）：966-975.

黄从红, 杨军, 张文娟. 2014. 森林资源二类调查数据在生态系统服务评估模型InVEST中的应用. 林业资源管理,（5）：126-131.

解宪丽, 孙波, 周慧珍. 2004. 不同植被下中国土壤有机碳的储量与影响因子. 土壤学报, 41（5）：687-699.

李博, 石培基, 金淑婷, 等. 2013. 石羊河流域生态系统服务价值的空间异质性及其计量. 中国沙漠, 33（3）：943-951.

李海奎, 雷渊才, 曾伟生. 2011. 基于森林清查资料的中国森林植被碳储量. 林业科学, 47（7）：7-12.

李鸿健, 任志远, 刘焱序, 等. 2016. 西北河谷盆地生态系统服务的权衡与协同分析——以银川盆地为例. 中国沙漠, 36（6）：1731-1738.

李晶, 李红艳, 张良. 2016. 关中-天水经济区生态系统服务权衡与协同关系. 生态学报, 36（10）：3053-3062.

李克让, 王绍强, 曹明奎. 2003. 中国植被和土壤碳贮量. 中国科学：地球科学, 33（1）：72-80.

李鹏, 姜鲁光, 封志明, 等. 2012. 生态系统服务竞争与协同研究进展. 生态学报, 32（16）：5219-5229.

李淑贞. 2015. 白龙江地区断裂构造与滑坡分布及发生关系研究. 兰州：兰州大学硕士学位论文.

李双成, 张才玉, 刘金龙, 等. 2013. 生态系统服务权衡与协同研究进展及地理学研究议题. 地理研究, 32（8）：1379-1390.

李双成, 王珏, 朱文博, 等. 2014. 基于空间与区域视角的生态系统服务地理学框架. 地理学报, 69（11）：1628-1639.

李婷, 刘康, 胡胜, 等. 2014. 基于InVEST模型的秦岭山地土壤流失及土壤保持生态效益评价. 长江流域资源与环境, 23（9）：1242-1250.

李晓赛, 朱永明, 赵丽, 等. 2015. 基于价值系数动态调整的青龙县生态系统服务价值变化研究. 中国生态农业学报, 23 (3): 373-281.

李屹峰, 罗跃初, 刘纲, 等. 2013. 土地利用变化对生态系统服务功能的影响——以密云水库流域为例. 生态学报, 33 (3): 726-736.

林世伟. 2016. "三江并流区" 生态系统服务空间权衡与协同关系研究. 昆明: 云南大学博士学位论文.

林世伟, 武瑞东. 2015. 三江并流区生态系统供水服务的空间分布特征. 西部林业科学, 44 (3): 8-15.

刘世荣, 王晖, 栾军伟. 2011. 中国森林土壤碳储量与土壤碳过程研究进展. 生态学报, 31 (19): 5437-5448.

刘小林, 郑子龙, 蔺岩雄, 等. 2013. 甘肃小陇山林区主要林分类型土壤水分物理性质研究. 西北林学院学报, 28 (1): 7-11.

马琪, 刘康, 张慧. 2012. 陕西省森林植被碳储量及其空间分布. 资源科学, 34 (9): 1781-1789.

孟兴民, 陈冠, 郭鹏, 等. 2013. 白龙江流域滑坡泥石流灾害研究进展与展望. 海洋地质与第四纪地质, 33 (4): 1-14.

宁娜. 2014. 白龙江流域不同尺度泥石流危险性评价技术研究. 兰州: 兰州大学硕士学位论文.

潘韬, 吴绍洪, 戴尔阜, 等. 2013. 基于InVEST模型的三江源区生态系统水源供给服务时空变化. 应用生态学报, 24 (1): 183-189.

彭焕华, 姜红梅, 赵传燕. 2010. 甘肃省森林植被碳贮量及空间分布特征分析. 干旱区资源与环境, 24 (7): 154-158.

彭建, 胡晓旭, 赵明月, 等. 2017. 生态系统服务权衡研究进展: 从认知到决策. 地理学报, 72 (6): 960-973.

彭守璋, 赵传燕, 郑祥霖, 等. 2011. 祁连山青海云杉林生物量和碳储量空间分布特征. 应用生态学报, 22 (7): 1689-1694.

彭怡. 2010. InVEST模型在生态系统服务功能评估中的应用研究——以四川汶川地震灾区为例. 成都: 中国科学院水利部成都山地灾害与环境研究所硕士学位论文.

彭怡, 王玉宽, 傅斌, 等. 2013. 汶川地震重灾区生态系统碳储存功能空间格局与地震破坏评估. 生态学报, 33 (3): 798-808.

齐识. 2014. 白龙江流域滑坡危险度评价技术研究. 兰州: 兰州大学硕士学位论文.

屈波, 邹红, 谢世友. 2004. 中国西部地区生态贫困问题与生态重建. 国土与自然资源研究, (4): 74-75.

屈创. 2014. 基于多源遥感数据的白龙江流域土壤水分反演研究. 兰州: 兰州大学硕士学位论文.

饶恩明, 肖燚, 欧阳志云, 等. 2013. 海南岛生态系统土壤保持功能空间特征及影响因素. 生态学报, 33 (3): 746-755.

石惠春, 师晓娟, 刘鹿, 等. 2013. 兰州城市生态系统服务价值评估方法与结果比较. 中国人口·资源与环境, 23 (2): 30-35.

粟晓玲, 康绍忠, 佟玲. 2006. 内陆河流域生态系统服务价值的动态估算方法与应用——以甘肃河西走廊石羊河流域为例. 生态学报, 26 (6): 2011-2019.

孙新章, 周海林, 谢高地. 2007. 中国农田生态系统的服务功能及其经济价值. 中国人口·资源与环境, 17 (4): 55-60.

孙艳伟, 李加林, 马仁锋, 等. 2015. 于桥水库流域水源供给服务的空间分布格局. 水资源与水工程学报, 26 (6): 1-6.

王大尚, 李屹峰, 郑华, 等. 2014. 密云水库上游流域生态系统服务功能空间特征及其与居民福祉的关系. 生态学报, 34 (1): 70-81.

王孟霞. 2013. 长江流域中上游区域 NPP 及土壤碳分布格局. 武汉: 华中农业大学硕士学位论文.

王敏, 阮俊杰, 姚佳, 等. 2014. 基于 InVEST 模型的生态系统土壤保持功能研究——以福建宁德为例. 水土保持研究, 21 (4): 184-189.

王绍强, 周成虎. 1999. 中国陆地土壤有机碳库的估算. 地理研究, 18 (4): 349-356.

王绍强, 周成虎, 李克让, 等. 2000. 中国土壤有机碳库及空间分布特征分析. 地理学报, 55 (5): 533-544.

王渊刚, 罗格平, 冯异星, 等. 2013. 天山北麓不同土地覆被下土壤有机碳垂直分布特征. 干旱区研究, 30 (5): 913-918.

谢高地, 鲁春霞, 成升魁. 2001. 全球生态系统服务价值评估研究进展. 资源科学, 23 (6): 5-9.

谢高地, 鲁春霞, 冷允法, 等. 2003. 青藏高原生态资产的价值评估. 自然资源学报, 18 (2): 189-196.

谢余初, 巩杰, 赵彩霞. 2014. 甘肃白龙江流域水土流失的景观生态风险评价. 生态学杂志, 33 (3): 702-708.

谢余初, 巩杰, 张玲玲. 2015. 基于 PSR 模型的白龙江流域景观生态安全时空变化. 地理科学, 35 (6): 790-797.

邢钊. 2012. 基于信息熵与 AHP 模型的白龙江流域泥石流危险性评价. 兰州: 兰州大学硕士学位论文.

徐丽芬, 许学工, 罗涛, 等. 2012. 基于土地利用的生态系统服务价值当量修订方法——以渤海湾沿岸为例. 地理研究, 31 (10): 1775-1784.

徐佩, 彭培好, 王玉宽, 等. 2007. 九寨沟自然保护区生态水的计算与评价研究. 地球与环境, 35 (1): 61-64.

杨芝歌, 周彬, 余新晓, 等. 2012. 北京山区生物多样性分析与碳储量评估. 水土保持通报, 32 (3): 42-46.

袁志芬. 2014. 基于 InVEST 模型的四川省宝兴县生态系统服务功能动态评估. 长沙: 湖南科技大学硕士学位论文.

岳东霞, 杜军, 巩杰, 等. 2011. 民勤绿洲农田生态系统服务价值变化及其影响因子的回归分析. 生态学报, 31 (9): 2567-2575.

张国斌. 2008. 岷江上游森林碳储量特征及动态分析. 北京: 中国林业科学研究院博士学位论文.

张金池, 李海东, 林杰, 等. 2008. 基于小流域尺度的土壤可蚀性 K 值空间变异. 生态学报, 28 (5): 2199-2206.

张科利, 蔡永明, 刘宝元, 等. 2001. 黄土高原地区土壤可蚀性及其应用研究. 生态学报, 21 (10): 1687-1695.

张科利, 彭文英, 杨红丽. 2007. 中国土壤可蚀性值及其估算. 土壤学报, 44 (1): 7-13.

张玲玲. 2016. 甘肃白龙江流域生态系统服务评估及影响因素. 兰州: 兰州大学硕士学位论文.

张远东, 刘世荣, 顾峰雪. 2011. 西南亚高山森林植被变化对流域产水量的影响. 生态学报, 31 (24): 7601-7608.

张媛媛. 2012. 1980-2005 年三江源区水源涵养生态系统服务功能评估分析. 北京: 首都师范大学硕士学位论文.

章文波, 谢云, 刘宝元. 2003. 中国降雨侵蚀力空间变化特征. 山地学报, 21 (1): 33-40.

赵彩霞. 2013. 甘肃白龙江流域生态风险评价. 兰州: 兰州大学硕士学位论文.

郑华, 李屹峰, 欧阳志云, 等. 2013. 生态系统服务功能管理研究进展. 生态学报, 33 (3): 702-710.

周彬. 2011. 基于生态服务功能的北京山区森林景观优化研究. 北京: 北京林业大学硕士学位论文.

周伟. 2012. 基于 Logistic 回归和 SINMAP 模型的白龙江流域滑坡危险性评价研究. 兰州: 兰州大学硕士学位论文.

周文佐. 2003. 基于 GIS 的我国主要土壤类型土壤有效含水量研究. 南京: 南京农业大学硕士学位论文.

周文佐, 刘高焕, 潘剑君. 2005. 中国土壤有效含水量分布. 地理学报 (英文版), 15 (1): 3-12.

Barbier E B, Koch E W, Silliman B R, et al. 2008. Coastal ecosystem-based management with nonlinear ecological functions and values. Science, 319: 321-323.

Canadell J, Jackson R B, Ehleringer J B, et al. 1996. Maximum rooting depth of vegetation types at the global scale. Oecologia, 108 (4): 583-595.

Chaturvedi R K, Raghubanshi A S. 2015. Assessment of carbon density and accumulation in mono- and multi-specific stands in Teak and Sal forests of a tropical dry region in India. Forest Ecology and Management, 339: 11-21.

Costanza R. 1999. The ecological, economic, and social importance of the oceans. Ecological Economics, 31 (2): 199-213.

Costanza R. 2008. Ecosystem services: multiple classification systems are needed. Biological Conservation, 141 (2): 350-352.

Costanza R, Arge R, de Groot R, et al. 1997. The value of the world's ecosystem services and natural capital. Nature, 387 (6630): 253-260.

Costanza R, de Groot R, Sutton P, et al. 2014. Changes in the global value of ecosystem services. Global Environmental Change, 26: 152-158.

Chen G, Meng X M, Tan L, et al. 2014. Comparison and combination of different models for optimal landslide susceptibility zonation. Quarterly Journal of Engineering Geology and Hydrogeology, 47 (4): 283-306.

De Vos B, Cools N, Ilvesniemi H, et al. 2015. Benchmark values for forest soil carbon stocks in Europe: results from a large-scale forest soil survey. Geoderma, 251-252: 33-46.

Devatha C P, Deshpande V, Renukaprasad M S. 2015. Estimation of soil loss using USLE Model for Kulhan Watershed, Chattisgarh-a case study. Aquatic Procedia, 4: 1429-1436.

Egoh B, Reyers B, Rouget M, et al. 2009. Spatial congruence between biodiversity and ecosystem services in south Africa. Biological Conservation, 142 (3): 553-562.

Fu B J, Liu Y, Lv Y H, et al. 2011. Assessing the soil erosion control service of ecosystems change in the Loess Plateau of China. Ecological Complexity, 8 (4): 284-293.

Fu B J, Wang S, Su C H, et al. 2013. Linking ecosystem processes and ecosystem services. Current Opinion in Environmental Sustainability, 5 (1): 4-10.

Gupata S C, Larson W E. 1979. Estimating soil water retention characteristics from particle size distribution, organic matter percent, and bulk density. Water Resources Research, 15 (6): 1633-1635.

Huang S L, Wang S H, Budd W W. 2009. Sprawl in Taipei's peri-urban zone: responses to spatial planning and implications for adapting global environmental change. Landscape and Urban Planning, 90: 20-32.

Lal R. 2004. Soil carbon sequestration impacts on global climate change and food security. Science, 304 (5677): 1623-1627.

Maes J, Egoh B, Willemen L, et al. 2012. Mapping ecosystem services for policy support and decision making in the European Union. Ecosystem Services, 1: 31-39.

Marquès M, Bangash R F, Kumar V, et al. 2015. The impact of climate change on water provision under a low flow regime: a case study of the ecosystems services in the Francoli river basin. Journal of Hazardous Materials, 263 (1): 224-232.

Naidoo R, Balmford A, Constanza R, et al. 2008. Global mapping of ecosystem services and conservation priorities. Proceedings of the National Academy of Sciences of the United States of America, 28: 9495-9500.

Palm C, Blanco-Canqui H, DeClerck F, et al. 2014. Conservation agriculture and ecosystem services: an overview. Agriculture, Ecosystems and Environment, 187: 87-100.

Piao S, Fang J, Zhu B, et al. 2005. Forest biomass carbon stocks in China over the past 2 decades: estimation based on integrated inventory and satellite data. Journal of Geophysical Research Biogeosciences, 110 (G1): 195-221.

Piao S, Fang J, Ciais P, et al. 2009. The Carbon balance of terrestrial ecosystems in China. Nature, 458: 1009-1013.

Potschin M, Haines-Young R, Fish R, et al. 2016. Routledge Handbook of Ecosystem Service. London & New York: Routledge Taylor & Francis Group.

Rife T L. 2010. Modeling the value of ecosystem services: application to soil loss in southeastern Allegheny county. United States: Youngstown State University.

Rodriguez J P, Beard T D, Bennett E M, et al. 2006. Trade-off across space, time, and ecosystem services. Ecology and Society, 11: 28-41.

Schägner J P, Brander L, Maes J, et al. 2013. Mapping ecosystem services' values: current practice and future prospects. Ecosystem Services, 4: 33-46.

Sharma C M, Baduni N P, Gairola S, et al., 2010. Tree diversity and carbon stocks of some major forest types of Garhwal Himalaya, India. Forest Ecology and Management, 260 (12): 2170-2179.

Straton A. 2006. A complex systems approach to the value of ecological resources. Ecological Economics, 56 (3): 402-411.

Tallis H T, Ricketts T, Nelson E, et al. 2013. InVEST 2.5.4 User's Guide. Stanford: The Natural Capital Project.

Toriyama J, Hak M, Imaya A, et al. 2015. Effects of forest type and environmental factors on the soil organic carbon pool and its density fractions in a seasonally dry tropical forest. Forest Ecology and Management, 335: 147-155.

Wischmeier W H, Smith D D. 1978. Predicting Rainfall Erosion Losses-A Guide to Conservation Planning. Washington D. C.: US Department of agriculture, Agriculture Handbook.

Xu L, Xu X, Meng X. 2013. Risk assessment of soil erosion in different rainfall scenarios by RUSLE model coupled with Information Diffusion Model: a case study of Bohai Rim, China. Catena, 100 (2): 74-82.

Zhang H M, Yang Q K, Li R, et al. 2013. Extension of a GIS procedure for calculating the RUSLE equation LS factor. Computers and Geosciences, 52: 177-188.

Zhang L, Dawes W R, Walker G R. 2001. Response of mean annual evapotranspiration to vegetation changes at catchment scale. Water Resource Research, 37: 701-708.

Zhao W W, Fu B J, Chen L D. 2012. A comparison of the soil loss evaluation index and the RUSLE Model: a case study in the Loess Plateau of China. Hydrology and Earth System Sciences Discussions, 9 (2): 2409-2442.

第6章 流域景观破碎化与生态系统服务相关关系

本章主要开展流域景观破碎化与典型生态系统服务（土壤保持等）之间的相关关系分析，探究流域景观格局与生态系统服务的关联关系，从而为生态系统服务维系和景观管理等提供科学服务。地表景观格局一直处于变化之中，这是景观内部外部各种因素在不同时空尺度上作用的结果（吴健生等，2012）。随着人类活动的强化及工业化、城市化进程的加快，地表景观变化日趋剧烈，景观破碎化尤为显著（Lambin and Geist，2006），直接影响着景观中能量流动与物质循环等生态过程。因此，景观破碎化受到越来越多的学者关注，成为景观生态学重要的研究热点之一（王宪礼等，1996）。景观破碎化通过改变生态系统组分、结构与生态过程及生物多样性对生态系统服务产生重要影响（Su et al.，2012；Sun et al.，2013）。生态系统服务是生态系统结构及其生态过程所形成和维持的人类赖以生存和发展的自然效用（Daily，1997；Costanza et al.，1997），与人类福祉息息相关，生态系统服务的退化将威胁到区域乃至全球的生态系统安全（邹月和周忠学，2017），而景观破碎化是导致生态系统服务弱化的主要原因（Liu et al.，2009）。因此，探讨景观破碎化对生态系统服务的影响及其内在机制、生态服务功能对其景观变化的响应以及如何保持生态系统的生命支持功能是区域可持续发展研究的重要课题（邹月和周忠学，2017）。

6.1 数据来源与研究方法

6.1.1 数据来源

甘肃白龙江流域景观类型图的数据源详见第4章。DEM是空间分辨率为30m的

ASTER GDEM 数据，来源于地理空间数据云网站。各项生态系统服务的评估方法及结果见第五章。

6.1.2 研究方法

6.1.2.1 景观格局指数

基于 Fragstats 软件，参考相关文献（汤萃文等，2009；王艳芳和沈永明，2012；胡苏军等，2012；付刚等，2017；巩杰等，2015）及考虑流域实际情况，选取下列景观格局指数：边缘密度（ED）、蔓延度（CONTAG）、香农多样性（SHDI）、分离度（DIVISION）、聚合度（AI）和香农均匀度（SHEI），以描述甘肃白龙江流域景观破碎化的整体特征，各景观格局指数计算公式和生态学意义参见文献（邬建国，2007）。

第四章内容表明 10km×10km 的网格大小是甘肃白龙江流域景观破碎化空间自相关研究的适宜空间尺度，因此以深入分析流域 1990 年、2002 年和 2014 年 3 个时期景观格局指数的空间变化特征为目的，采用网格分析法研究各景观格局指数的区域差异。本章以 10km×10km 网格作为特征尺度，将流域共划分为 186 个网格，然后运用 Fragstats 软件计算不同时期各网格的景观格局指数，并基于 GS+10 和 ArcGIS 10.3 地统计模块对各景观格局指数进行普通克里格插值，得到不同时期甘肃白龙江流域各景观格局指数的空间分布图。考虑到景观格局指数的插值方法相同，并考虑到景观格局指数间相关性的强弱，本文主要分析 ED、CONTAG 和 SHDI 3 个景观格局指数 1990 年、2002 年和 2014 年空间分异以表征流域景观破碎程度的变化情况。

6.1.2.2 空间自相关

构建空间权重矩阵、全局空间自相关及局部空间自相关的具体原理详见第 4 章。

6.2 景观破碎化与各项生态系统服务的全局空间自相关

空间依赖性和异质性是生态系统服务及景观破碎化等地理生态现象的内在属性，因此在考虑空间关系前提下开展两者间的空间关联性分析成为必要。本书通过 GeoDa 软件对 1990 年、2002 年、2014 年的流域各项生态系统服务评估量与景观格局指数进行全局空间自相关分析，结果表明 2014 年流域土壤保持服务和碳储存服务均与景观破碎化之间呈空间负相关，土壤保持服务与景观破碎化的负相关关系更为显著；产水服务与景观破碎化无显著的空间关联关系；农作物生产服务与景观破碎化的空间相关性虽相对显著，但是予以合理解释却相对较难，这与农作物生产服务的评估过程有很大关系（表6-1）。

表6-1 甘肃白龙江流域1990~2014年景观格局指数与各项生态系统服务的Moran's I

生态系统服务类型	年份	ED	CONTAG	SHDI	DIVISION	AI	SHEI
土壤保持	1990	-0.006	0.068	-0.056	-0.048	0.006	-0.078
	2002	-0.119	0.097	-0.134	-0.025	0.116	-0.080
	2014	-0.155	0.243	-0.291	-0.175	0.149	-0.250
碳储存	1990	0.059	0.000	0.035	0.030	-0.058	-0.155
	2002	0.067	-0.036	0.057	0.040	-0.066	-0.178
	2014	-0.123	0.146	-0.063	-0.071	0.127	-0.135
农作物生产	1990	0.391	-0.046	0.104	-0.016	-0.393	-0.010
	2002	0.443	-0.100	0.104	-0.013	-0.444	-0.034
	2014	-0.012	0.114	-0.016	-0.160	0.018	-0.088
产水	1990	0.100	0.145	0.063	-0.010	-0.095	-0.170
	2002	0.085	0.073	0.073	-0.013	-0.081	-0.171
	2014	-0.081	0.076	0.015	-0.019	0.087	-0.065

具体地，1990年流域土壤保持服务与景观格局指数边缘密度（ED）、蔓延度（CONTAG）、香农多样性（SHDI）、分离度（DIVISION）、聚合度（AI）和香农均匀度（SHEI）的Moran's I 分别为-0.006、0.068、-0.056、-0.048、0.006和-0.078（接近于0），表征流域土壤保持服务与景观破碎化在空间分布上并无相关关系。相比1990年，2002年土壤保持服务与除DIVISION外的各景观格局指数的Moran's I 绝对值均有一定程度增加，土壤保持服务与ED、SHDI呈现空间负相关关系，即土壤保持服务高值区域的景观在边缘形状和类型组成上相对简单和单一；而土壤保持服务与CONTAG的Moran's I 为0.097，空间正相关关系微弱，聚集特征不明显。2014年流域土壤保持服务与景观格局指数ED、CONTAG、SHDI、DIVISION、AI、SHEI的Moran's I 绝对值明显增加，表明土壤保持服务高值区域的景观在边缘形状、类型组成、团聚程度以及均匀程度上具有较简单、单一、连通性好、均匀度低、破碎化程度低的特征。流域碳储存服务与景观破碎化的空间相关关系与土壤保持服务基本相同，只是稍弱。流域产水服务与少数景观格局指数呈现空间相关关系，且关系相

对较弱，如产水服务与景观格局指数 CONTAG、SHEI 在 1990 年的 Moran's I 分别为 0.145 和 -0.170，表征产水量高值区域的景观连通性较强、均匀程度较低，但总体来看，流域生境质量服务与景观破碎化的相关关系很弱，在一定程度上可以忽略。流域农作物生产服务虽与部分景观格局指数（ED、AI）表现出显著的相关性，但可信度不强，主要原因是农作物生产服务的评估以流域内县区尺度为单元。综合分析发现，1990~2014 年，流域土壤保持服务、碳储存服务与景观破碎化的空间相关关系由无向有发展（表 6-1）。考虑到土壤保持服务与景观破碎化的负相关关系更为显著，因此下文选取土壤保持服务来详细探讨景观破碎化对其的影响程度。

尺度问题是景观生态学的核心问题，景观破碎化与各项生态系统服务的相关关系研究需要关注尺度对生态过程及其影响机制。尺度选择过大，往往会导致大量细节被忽略；尺度选择过小，就会陷入局部，容易忽略总体规律，因此选择适宜的研究尺度显得极为重要。本书仅以 10km×10km 为特征尺度探讨了景观破碎化对各项生态系统服务的影响，后期将深入探讨不同空间尺度或连续空间尺度对两者关系的影响。同时，本书采用的空间权重矩阵只是基于邻接准则简单构建，若是基于其他邻接准则或距离确立更为复杂的空间权重矩阵，对景观破碎化与各项生态系统服务的相关关系是否产生影响或产生多大影响，将是后期探讨的重点。

6.3 流域景观破碎化与土壤保持服务的相关关系

土壤保持作为重要的生态系统服务类型之一，是区域土壤形成、植被固着、水源涵养等功能的重要基础，已经成为全球变化领域的研究热点之一。基于此，诸多学者对生态系统的土壤保持服务开展研究，如 Fu 等（2011）利用多种方法评估了黄土高原生态系统的土壤保持功能及其产生经济价值；孙文义等（2014）进一步分析了 1990~2010 年黄土高原土壤保持量的空间分布及其动态变化等。目前涉及景观破碎化对土壤保持服务的影响研究报道尚少，相关研究多以生态系统服务价值为主，研究方法主要是相关性分析和经典回归模型等。因此，本章以 10km×10km 的网格单元作为特征尺度表征景观破碎化程度，并基于同一空间尺度运行 InVEST 模型定量评估土壤保持服务，运用双变量空间自相关开展景观破碎化对土壤保持服务的影响研究，旨在深入了解景观变化与土壤保持服务间的关系，为区域可持续发展提供重要的科学依据。

6.3.1 景观破碎化时空分布特征

甘肃白龙江流域边缘密度（ED）空间分布情况如图 6-1。1990 年流域 ED 高值区主要分布在武都区、文县东南及东部、宕昌县中部，低值区主要是文县南部、舟曲县中部、迭部县南部 [图 6-1（a）]；2002 年武都区及文县东南 ED 显著提高 [图 6-1（b）]；2014 年 ED 高值区大范围减少，尤以武都区和文县东部最为显著 [图 6-1（c）]。总体来说，1990~2014 年，ED 剧烈变化区主要是流域东南部，如武都区和文县，其余各县变化相对较小。

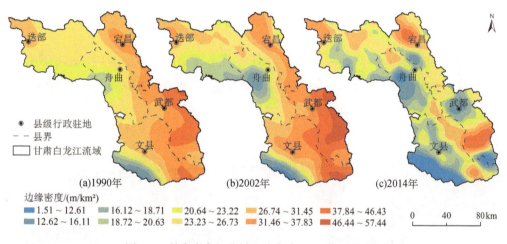

图 6-1 甘肃白龙江流域边缘密度（ED）时空变化

甘肃白龙江流域蔓延度（CONTAG）空间分布情况如图 6-2。1990 年流域 CONTAG 高值区与低值区在空间上交错分布，低值区主要是武都区大部、文县东部和宕昌县中部及南部 [图 6-2（a）]；2002 年流域 CONTAG 低值区以武都区和文县东部为中心扩展开来，分布面积显著增加，其余各县变化不显著 [图 6-2（b）]；至 2014 年 CONTAG 低值区大范围缩减，尤以武都区和文县显著 [图 6-2（c）]。总体来说，1990~2014 年，CONTAG 在各县（区）均有较明显的变化，但流域东南部的变化最为剧烈和复杂。

甘肃白龙江流域香农多样性（SHDI）空间分布情况如图 6-3。1990 年流域 SHDI 高值区主要分布在流域中部且呈现条状分布的空间格局特征，分布面积较少，低值区主要是文县南部及迭部县西部 [图 6-3（a）]；2002 年 SHDI 高值区面积显著增加，

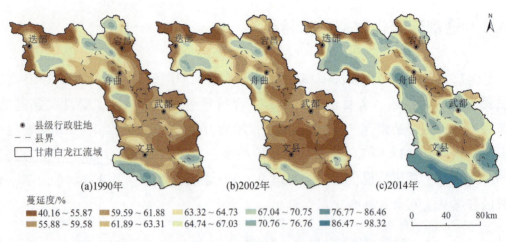

图 6-2 甘肃白龙江流域蔓延度（CONTAG）时空变化

集中在文县大部及宕昌—舟曲—武都交界处［图 6-3（b）］；2014 年 SHDI 高值区与 2002 年相比显著减少［图 6-3（c）］。总体来说，1990~2014 年，流域绝大部分 SHDI 发生变化，尤以文县变化剧烈。

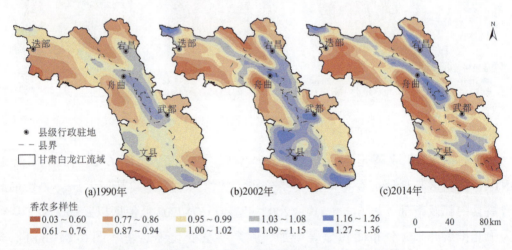

图 6-3 甘肃白龙江流域香农多样性（SHDI）时空变化

综合分析景观格局指数 ED、CONTAG、SHDI 空间分布规律表明，1990~2014 年流域东南部（以文县和武都区为主）的景观破碎化先强后弱，其变化最为剧烈和复杂。1990~2002 年流域东南部景观破碎化程度显著增强，可能的主要原因有：流域东南部主要是农耕区，人口密度较大，人类活动对景观的干扰相对较强；随着时间的推移，流域人口逐渐增多，耕地需求量不断上涨，而流域东南部的山前平原、低丘及河谷带更易开发转变为耕地；人们开垦行为、过度放牧和樵采以及道路网络建设等加剧了流域景观破碎化。2002~2014年流域东南部景观破碎化程度明显减弱，可能原因是：流域农业生产活动趋于有序和规模化；山间川地或低坡地生产力的提高以及河川地农业生态系统"造血"能力的增强使农作物增产增收；退耕还林（还草）政策使得陡坡耕地大面积退耕转变为林草地；新农村建设使人类居住用地高密度集中起来，这在一定程度上减弱了流域的景观破碎化程度。

6.3.2 流域土壤保持服务的时空分布特征

1990~2014年甘肃白龙江流域土壤保持量的最大值和平均值均表现为先减小后增大的趋势，表明流域内土壤保持功能呈现先降后升的变化趋势（图6-4）。从空间分布来看，流域土壤保持空间格局具有明显的分异性，其高值区域主要分布在流域东南部以及迭部县中西部，这些区域多属于石质山区或人类活动较少的自然保护区。低值区域集中分布在人类活动相对频繁、工农业相对发达的迭部县北部、舟曲—武都—文县段白龙江河谷沿岸地带（图6-4）。与1990年相比，2014年土壤保持量高值区域增加，其增加区域主要分布在迭部县中部及武都区东南部；土壤保持量低值区域变化不大。

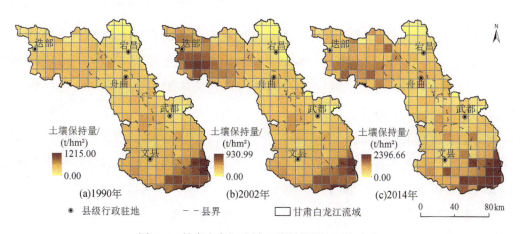

图6-4 甘肃白龙江流域土壤保持服务时空变化

6.3.3 流域景观破碎化与土壤保持服务的全局空间自相关

空间依赖性和异质性是土壤保持及景观破碎化等地理生态现象的内在属性，因此在考虑空间关系前提下开展两者间的空间关联性分析成为必要。本书通过GeoDa

软件对 1990 年、2002 年、2014 年的流域土壤保持量与各景观格局指数进行全局空间自相关分析，结果表明 2002 年流域土壤保持服务与部分景观格局指数（ED、SHDI、AI）呈空间相关关系，至 2014 年与 6 个景观格局指数均呈空间相关性，且空间相关关系更为显著（表 6-1）。由表 6-1 知，1990 年流域土壤保持服务与景观格局指数 ED、CONTAG、SHDI、DIVISION、AI、SHEI 的 Moran's I 分别为 -0.006、0.068、-0.056、-0.048、0.006、-0.078（接近于 0），表征流域土壤保持服务与景观破碎化在空间分布上并无相关关系。相比 1990 年，2002 年土壤保持与各景观格局指数的 Moran's I 绝对值均有一定程度增加（除 DIVISION 外），土壤保持服务与 ED、SHDI 呈空间负相关，与 AI 呈空间正相关，即土壤保持高值区域的景观在边缘形状和类型组成上相对简单和单一且聚合度高。2014 年流域土壤保持服务与景观格局指数 ED、CONTAG、SHDI、DIVISION、AI、SHEI 的 Moran's I 绝对值明显增加，表明土壤保持高值区域的景观在边缘形状、类型组成、团聚程度以及均匀程度上具有较简单、单一、连通性好、均匀度低、破碎化程度低的特征。综合分析表明，1990~2014 年，流域土壤保持服务与景观破碎化的空间相关关系由无向有发展。

6.3.4 流域景观破碎化与土壤保持服务的局部空间自相关

2014 年甘肃白龙江流域土壤保持服务与景观破碎化的空间关联性最为显著，因此以 2014 年为研究年份，运用 GeoDa 软件深入分析流域土壤保持服务与景观破碎化空间相关的具体范围，并生成双变量局部空间自相关的聚集图，不同颜色标识不同的空间自相关类别（图 6-5）。由图 6-5 可以看出，在 95% 的置信度下，土壤保持服务与景观格局指数 ED 的高低聚集区集中分布在文县南部，表征该区土壤保持高值和边缘密度低值形成聚集现象，即土壤保持服务较高区域的景观在边缘形状上相对规整；低高聚集区主要分布在宕昌县北部和武都区中南部，说明该区土壤保持服务较低的同时边缘密度较高，表明景观边缘形状相对复杂的区域土壤保持功能较弱。土壤保持服务与景观格局指数 SHDI 的空间聚集特征和 ED 有相似之处，高低聚集区也主要分布在文县南部，只是低高聚集区的分布情况有所不同，低高聚集区集中分布在流域中部（宕昌—舟曲—武都交汇处）和武都区中南少部分区域，表征该区土壤保持服务较低的同时区域景观在组成类型上较多样化，空间相关关系显著。土壤保持服务与景观格局指数 CONTAG 和 AI 的高高聚集区均主要分布在文县南部，说明该区土壤保持服务较高区域的景观有连通性较高的优势斑块存在，连接性及聚合度较高，破碎程度较低，但低低聚集区的空间分布特征却不相同，土壤保持服务与景观格局指数 AI 的低低聚集区分布集中，主要是在宕昌县北部和武都区中南部，而与景观格局指数 CONTAG 的低低聚集区则分布相对分散。土壤保持服务与景观格局指数 DIVISION 和 SHEI 的高低聚集区均集中于文县南部及武都区最南端，说明该区景观分割和均匀程度较低的同时土壤保持服务保持较高水平，低高聚集区空间分布相对分散。综合分析双变量局部空间自相关结果可以表明，流域土壤保持与景观破碎化的显著空间负相关关系主要表现在宕昌县北部、武都区中南部及最南端、文县南部和宕昌—舟曲—武都交汇处，换言之，这些区域的景观破碎化程度对土壤保持服务产生显著负向影响。

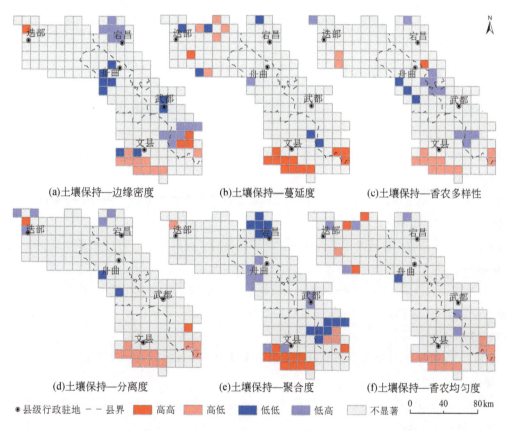

图 6-5　甘肃白龙江流域 2014 年各景观格局指数与土壤保持服务的局部空间自相关聚集图

6.3.5　讨论

景观破碎化通过影响生态系统组分、结构与生物化学过程进而影响生态系统服务，这是一个非常复杂的相互作用过程，会导致生态系统服务增加或减少。比如本研究发现 1990~2014 年，研究区景观破碎化对土壤保持服务的负向影响逐渐增强，但这只是复杂作用过程的结果，目前还难以解释其内在机制。因此，明晰景观破碎化对生态系统的作用关系与机制，并在此基础上探讨其对生态系统服务的影响是进一步研究方向。

参 考 文 献

付刚，肖能文，乔梦萍，等.2017.北京市近二十年景观破碎化格局时空变化分析.生态学报，37（8）：2551-2562.

巩杰，孙朋，谢余初，等.2015.基于移动窗口法的肃州绿洲化与景观破碎化时空变化.生态学报，35（19）：6470-6480.

胡苏军，葛小东，黄超.2012.科尔沁沙地近水区域景观破碎化时空变化研究.干旱区资源与环境，26（9）：125-131.

孙文义，邵全琴，刘纪远.2014.黄土高原不同生态系统水土保持服务功能评价.自然资源学报，29（3）：365-376.

汤萃文，张海风，陈银萍，等.2009.祁连山南坡植被景观格局及其破碎化.生态学杂志，28（11）：2305-2310.

王宪礼，布仁仓，胡远满，等.1996.辽河三角洲湿地的景观破碎化分析.应用生态学报，7（3）：299-304.

王艳芳，沈永明.2012.盐城国家级自然保护区景观格局变化及其驱动力.生态学报，32（15）：4844-4851.

邬建国.2007.景观生态学——格局、过程、尺度与等级.2版.北京：高等教育出版社.

吴健生，王政，张理卿，等.2012.景观格局变化驱动力研究进展.地理科学进展，31（12）：1739-1746.

邹月，周忠学.2017.西安市景观格局演变对生态系统服务价值的影响.应用生态学报，28（8）：2629-2639.

Costanza R，D'Arge R，de Groot R，et al. 1997. The value of the world's ecosystem services and natural capital. Nature，387：253-260.

Daily G C. 1997. Natures's services：societal dependence on natural ecosystems. Pacific Conservation Biology，6（2）：220-221.

Fu B J，Liu Y，Lv Y H，et al. 2011. Assessing the soil erosion controlservice of ecosystems change in the Loess Plateau of China. Ecological Complexity，8（4）：284-293.

Lambin E F，Geist H J. 2006. Land-use and Land Cover Change：Local Processes and Global Impacts. Berlin：Springer.

Liu H Y, Li Y F, Cao X, et al. 2009. The current problems and perspectives of landscape research of wetlands in China. Acta Geographica Sinica, 64 (11): 1394-1401.

Su S L, Xiao R, Jiang Z L, et al. 2012. Characterizing land-scape pattern and ecosystem service value changes for urbanization impacts at an eco-regional scale. Applied Geography, 34: 295-305.

Sun C, Wu Z F, Lu Z Q, et al. 2013. Quantifying differenttypes of urban growth and the change dynamic in Guangzhou using multi-temporal remote sensing date. International Journal of Applied Earth Observation and Geoinformation, 21: 409-417.

第7章 流域人类活动与生态系统服务权衡及管理

甘肃白龙江流域地处青藏高原向黄土高原和秦巴山地过渡的生态交错带，水热状况、植被、土壤等地理环境组分具有明显的纬度地带性和垂直地带性分布特征，地形地貌在空间上自西向东具有过渡性，生态环境的地域分异明显。多样复杂的生态环境为人类福祉提供了多种服务。同时，由于生态环境的过渡性及复杂性特征，生态系统对人类活动的干扰较为敏感，流域内滑坡、泥石流等自然灾害多发，退耕后人均耕地资源减少，以及不同社会经济发展状况导致不同的资源配置和土地利用问题、生态环境问题突出。在客观地域状况的背景下，迫切需要协调自然生态环境与人类发展、土地利用、资源配置，因地制宜地制定流域生态环境维持和保育政策，以促进人类与自然和谐可持续发展。因此，探讨和分析区域生态过程和生态服务功能的重要性及生态环境空间分异规律，进行生态系统服务功能分区，可促进区域自然资源合理开发利用，提升区域生态环境承载力，对区域生态保护和管理，以及生态环境建设具有重要的现实意义和指导作用。本章主要探讨基于生态系统服务的流域生态功能分区和生态系统服务情景模拟研究，在此基础上提出流域人类活动与生态系统服务的管理对策与建议。

7.1 生态系统服务功能分区

7.1.1 生态系统服务功能分区方法

由于地域分异规律，任何区域不可能同时存在两个生态环境特征完全相同的地理单元，在任何两个特征不同的区域间又不可能存在鲜明的分界线。因此，为了正确揭示研究区客观自然人文生态环境状况，使之尽可能符合研究区实际情况，在进行甘肃白龙江流域生态系统服务功能分区时，遵循以下划分原则（伍光和和江存远，1998；吴锋等，2009；陈爽；2012；师江澜，2007）。

1）生态系统等级原则。生态系统是具有明显的尺度特征的等级系统，低等级的组分依赖于高等级组分的存在，而高等级组分的特征可在低等级组分中得到反映。

2）生态过程地域分异原则。宏观生态系统在空间上是连续分布的整体，在其内部不同的自然人文组分形成相应次级生态系统结构、生态系统过程和生态系统服务分异，由此可划分出不同的生态功能区。

3）主导性原则。在划分生态系统服务功能区时应根据区域生态环境问题与生态系统结构、过程、功能的关系，确定区划的主导因子及区划依据。

4）生态功能相似性与差异性原则。区域生态环境的特征、生态过程及生态系统服务功能是客观存在的，主要是依据相似性和差异性，对其进行识别划分。

5）可调整性原则。生态功能区是不断发展变化的，生态功能分区具有时效性，结合历史演变过程随时间调整分区以适应生态与环境的变化。

划分依据为生态系统服务功能重要性、自然灾害风险等级、人文环境特征及主要生态环境问题等。

在 ArcGIS 10.2 平台上对流域生态系统碳储存、土壤保持、水源供给及维持生物多样性功能进行重分类，采用 Nature Break 法将重要性等级分为一般重要区、较重要区、重要区和极重要区。根据自然灾害风险对生态系统服务功能的影响，将其重分类为四个等级，即一般危险区、较危险区、危险区和极危险区。考虑到本研究对农作物生产功能评估结果只精确到县域尺度，有可能会影响分区结果，因此以耕地的空间分布来表征农田生态系统供给功能的空间分布特征，同时也可在一定程度上反映人类活动较强的区域。遵循以上划分原则，对分级后的各项生态系统服务功能及自然灾害采用空间叠置法和相关分析法进行甘肃白龙江流域生态功能类型分区，同时结合研究区自然气候、地理地貌特征对初步分区结果进行整合。生态系统服务功能包括农作物生产、碳储存、土壤保持、水源供给和维持生物多样性，命名时选择其重要或典型者。因此生态功能类型区命名由优势生态系统服务功能（或生态环境脆弱性特征）+生态功能区构成，以体现生态服务功能重要性、生态环境脆弱性、人类活动等主要生态环境特点。

7.1.2 生态系统服务功能重要性分级

甘肃白龙江流域碳储存功能极重要区分布较为广泛，主要包括甘南高原和文县南部山地，面积占全流域总面积的52.56%[图7-1（b）]。碳储存功能重要区主要分布在宕昌县和武都区的退耕地区，以及迭部县的缓坡区，面积占流域总面积的31.66%。碳储存功能较重要区主要在农耕区分布，集中在宕昌县东部和北部、武都区东部以及文县河谷地带，面积占流域总面积的12.13%。碳储存功能一般重要区分布面积较小，零散分布于高山及亚高山裸岩区和积雪覆盖区，河漫滩及河谷两岸的裸地、大型滑坡区等，面积占流域总面积的3.66%。

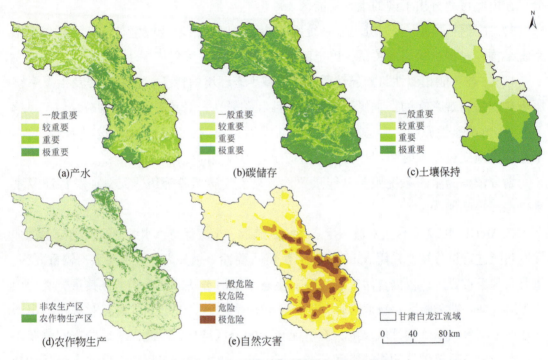

图7-1 甘肃白龙江流域生态系统服务重要性等级分布

流域土壤保持功能极重要区分布范围相对较小，主要集中在白龙江流域下游，即文县南部和武都区东南部，面积占流域总面积的14.30%[图7-1（c）]。土壤保持功能重要区分布面积较广，包括迭部县山地、武都区中部和文县西南部，面积占流域总面积的41.35%。土壤保持功能较重要区主要包括宕昌县大部和武都区东部，面积占流域总面积的28.85%。土壤保持功能一般重要区面积占流域总面积的15.49%，主要分布在舟曲县、武都区中部及迭部县西北部。

产水功能极重要区分布较为集中，主要是岷江下游、博峪—拦坝河流域及白水江南岸，面积占流域总面积的17.84%[图7-1（a）]。产水功能重要区占流域总面积的23.67%，包括迭部县和文县南部。产水功能较重要区面积相对最多，占流域总面积的 38.60%，集中在宕昌县北部、武都区大部和文县河谷地带。产水功能一般重要区主要分布在迭部县的高山区，面积占流域总面积的 19.88%。

自然灾害风险等级在空间上呈放射状分布，极危险区分布面积很少，占流域总面积的 5.46%，主要分布在舟曲—武都—文县段的白龙江河谷地带［图 7-1（e）］。危险区和较危险区分别分布在极危险区和危险区周围，分别占流域总面积的 13.20% 和 25.03%。一般危险区的面积最大，占流域总面积的 56.31%，主要包括迭部县大部、宕昌县北部和中部、舟曲县西部和西北部、文县白水江南岸。

7.1.3 生态系统服务功能类型分区

根据以上分区原则、划分依据和研究方法，提取了碳储存、土壤保持、产水等功能的重要区和极重要区信息，自然灾害的极危险区和全部耕作区，进行空间层面上的两两叠置分析，同时结合区域植被分布图和野外实地调查等（由于缺少研究区的详细植被信息和生物多样性调查基础数据，在一定程度上限制了流域生物多样性服务研究。但一般认为，植被类型多样和密集分布区，具有较高的生境质量，其生物多样性也越好，反之亦然），获得了甘肃白龙江流域生态功能类型的空间分布图（图 7-2）。需要说明的是，本研究未能对研究区的物种情况做详细调查，仅是从生境质量的角度，即生态系统维持生物多样性的能力，来推断生物多样性状况。有关研究表明，生境质量高的区域分布着原始森林、多个自然保护区及林业管护区，其生物多样性必然丰富。因此，在进行分区的命名时采用了生物多样性，用以代表生境质量高的区域。本研究将甘肃白龙江流域分为 13 个生态功能类型区，即生物多样性保护生态功能类型区、生物多样性与碳储存复合生态功能区、多项复合生态功能区、碳储存生态功能区、碳储存与土壤保持复合生态功能区、滑坡泥石流重点防治生态功能区、农业生态功能区、土壤保持生态功能区、生物多样性碳储存土壤保持复合生态功能区、水源供给生态功能区、水源供给生物多样性碳储存复合生态功能区、水源供给与碳储存复合生态功能区和一般生态功能区。

从研究区生态功能类型区分布图可以看出，甘肃白龙江流域生态系统服务功能具有明显的空间分异特征。在图 7-2 的基础上，根据生态系统服务功能的空间相关性，同时结合研究区不同地理组分的空间分异规律及生态系统服务功能分区的主导型原则，把 13 个生态功能类型区整合成 7 个生态功能大区（图 7-3）。

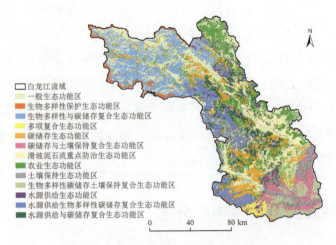

图 7-2　甘肃白龙江流域生态功能类型分区图

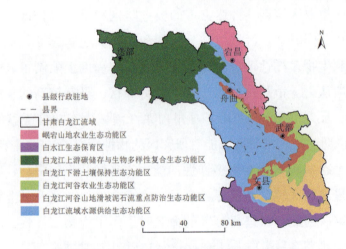

图 7-3　甘肃白龙江流域生态功能类型分区整合图

7.1.3.1　岷宕山地农业生态功能区

该区位于宕昌县北部和东部，属于黄土地貌，是流域主要的农业耕作区，主要种植小麦、马铃薯和药材等。人类的耕作行为使得土质疏松，水土流失较为严重。保护耕地，调整农业种植结构，改善农业生态环境，恢复和发展森林植被，控制水土流失是该区生态环境建设的重点。

7.1.3.2　白水江生态保育区

此区域位于白水江以南地区，为国家级自然保护区。海拔 1000~3000m，垂直带谱明显，物种资源丰富，是重要水源供给区、土壤保持区和固碳区，以及生物多样性重要和极重要生态功能区。人类干扰较少，生境质量高，生物多样性丰富。区内有大熊猫、金丝猴、金钱豹、羚牛、白唇鹿、蓝马鸡、锦鸡、青羊等国家珍稀保护动物51种，有国家一级保护植物珙桐、光叶珙桐、银杏、独叶草、红豆杉、南方红豆杉等，是大熊猫、珙桐等多种珍稀濒危野生动植物及其赖以生存的自然生态环境和生物多样性保护区。该区应继续实施天然林资源保护建设工程，制定管护内容，制止盗伐滥伐、毁林开垦、乱占林地、毁林采矿等行为，禁止村民猎捕野生保护动物和采挖重点野生保护植物，做好森林防火、森林病虫害预测预报和防治，同时加大环境保护政策宣传力度，通过教育和宣传等方式提高民众的环保意识，共同保护白水江自然生态环境和生物多样性。

7.1.3.3 白龙江上游碳储存与生物多样性复合生态功能区

包括迭部县和舟曲县北部，属高寒山地峡谷区，地形复杂，沟谷纵横，相对高差大，气候和植被的垂直分异明显，是甘肃省分布面积最大的原始森林区，也是岷山至秦岭物种基因交流和过渡的重要区域。区内有阿夏、多尔两个省级自然保护区，保护区内有高等植物1049种，国家一级保护动物11种，国家二级保护动物19种，国家重点保护动物6种，是继文县白水江大熊猫自然保护区之后的又一大熊猫主要栖息地，是我国大熊猫分布的最北缘。该区目前受人类活动影响较小，自然环境保持较完整，是重要的碳储存、水源供给和生物多样性保护区。继续加强林业发展区和自然保护区的管护，减少或禁止人类活动对物种生存环境的干扰是该区生态建设的主要任务。

7.1.3.4 白龙江下游土壤保持生态功能区

本区位于白龙江下游河谷地区，包括武都区南部和文县东南部，生态系统类型为北亚热带落叶阔叶—常绿阔叶混交林带。本区在土壤纬度地带上属湿暖黄棕壤地带，在垂直带谱上为黄棕壤（海拔550~1400m）—棕壤（海拔1400~2200m，2400m）—暗棕壤。自实施退耕还林工程以来，武都区南部植被覆盖度低的低山区开始种植人工林和经济林果，生态环境得到很大程度的改善，且位于白水江自然保护区周边，受保护区监管辐射作用，植被覆盖度相对较高，土壤保持状况良好。继续实施退耕还林工程，恢复林草植被体系，改善生态环境是该区生态建设的主要内容。

7.1.3.5 白龙江河谷农业生态功能区

指白龙江和白水江河谷沿岸地区，属北亚热带半湿润气候，热量丰富，主要种植水稻、小麦、药材以及花椒、橄榄等经济林木，是研究区的主要农业区。

7.1.3.6 白龙江河谷山地滑坡泥石流重点防治生态功能区

本区主要分布在舟曲—武都—文县的白龙江流域和白水江河谷地带，是甘肃省滑坡、泥石流多发区。流域内滑坡主要集中在舟曲—武都段白龙江沿岸及武都区北部、宕昌县岷江下游，这些地区分布着炭质板岩、页岩、千枚岩等较易受风化侵蚀的岩层，在连续降水或大强度暴雨之后，极易发生滑坡（孟兴民等，2013；齐识，2014）。泥石流分布与滑坡分布基本一致。本区西部和南部巨大的地势起伏和陡峭的坡度，加上滑坡体提供的大量固体物质来源非常有利于泥石流的发育。白龙江及其支流流域是泥石流密集区，白龙江流域泥石流沟数量达到1400多条，其中较为严重的泥石流沟有170多条（邢钊，2012；宁娜，2014），这使得本区成为全国泥石流密度最大的地区。滑坡和泥石流造成强烈侵蚀，泥石流堆积物通常会堵塞河流和道路，区域内村庄多建在泥石流堆积扇上，因此强度较大的泥石流会摧毁村庄，造成人民的生命和财产损失。因此，本区需进一步开展退耕还林还草工程和天然林资源保护工程建设，封山育林，提高植被覆盖度。同时加大灾害防治力度和对潜在危险区的监督力度，改善区域生态环境。

7.1.3.7 白龙江流域水源供给生态功能区

主要包括博峪—拦坝河流域、宕昌县西南部以及文县北部区域。该区山峦重叠，沟壑纵横，地形复杂，属典型的高山峡谷区。该区气候温和，降水充沛，森林茂密。区内有白龙江、博峪河、拱坝河及其40多条支流，产水量大，水能丰富，是白龙江流域重要的水源供给生态功能区。

7.2 流域生态系统服务的时间权衡与模拟分析

土地利用类型、土地管理方式与制度等总是随着社会的发展不断变化。同时，生态风险源潜在危险度也会随着人类活动的干扰和区域环境的变化（尤其是土地利用的变化）而不断变化，且具有很强的不确定性。即区域土地利用与生态风险源潜在危险度总处于不断变化之中,其稳定性是相对的,两者深刻地影响着区域生态系统服务的供给能力。因此,区域生态系统服务权衡往往发生在时间尺度上。具体而言,根据研究区特征,通过不同土地利用情景下各项生态系统服务供给状况的模拟,来选择符合各利益相关者意愿的土地利用类型和管理方式(李双成等,2014),以减少区域风险。利益相关者的最优选择是寻求经济效益最大,且所有的生态系统服务水平最高(含生物多样性最大)的双赢情景。然而,现实大多数情况下,很难达到双赢的情景,因此,利益相关者仍需要从不同情景中来权衡各项生态系统服务之间的取舍关系。

7.2.1 情景分析设定

情景是在推测的基础上,对事物可能的未来的描述,它具有不确定性和现实决策的迫切需要性(McKenzie et al., 2012;李双成等,2014;刘俊宏,2013)。情景分析被广泛用于生态系统服务的权衡和管理中(McKenzie et al., 2012;McNally et al., 2011)。根据 InVEST 模型情景设定的原理和前人情景制定的方法(白杨等,2013;李双成等,2014;Palomo et al., 2013),结合研究区的实际情况,并充分考虑流域土地利用变化和生态风险源的分布状况,本书以 2014 年甘肃白龙江流域生态系统服务的结果为基线,在 2014 年土地利用类型及其他数据的基础上,设计 4 种不同土地利用类型变化的情景,即自然发展情景、城乡扩展情景、退耕保护情景和流域优化情景。具体简要介绍如下。

(1)自然发展情景

首先,以 2002 年至 2014 年的甘肃白龙江流域实际土地利用类型变化数量为基础,假设从 2014 年到 2025 年之间各个景观类型的数量和空间位置变化受环境、经济、政策的影响相对较小,仍然按照 2002~2014 年速率发展变化,推测 2025 年甘肃白龙江流域各土地利用类型需求情况。在此基础上,假设其他条件不变(包括气象要素、地形、土壤、社会经济等因素及主要生态风险源潜在危险度分布格局),仅仅是土地利用类型发生了变化,来估算流域内生态系统服务的情况。

(2)城乡扩展情景

近年来,随着流域内矿产资源(如金、铅、锌等)的开发,兰渝高速公路、兰渝高铁等交通基础设施的建设,社会经济将持续发展;以及二孩政策逐渐实施,区内人口会在一定程度有所增长。因此,在参考《陇南市土地利用总体规划(2006-

2020年)》《舟曲灾后恢复重建总体规划》等资料基础上,假设未来研究区内社会稳定、经济不断发展、人口持续增长,城乡居民工矿等建设用地会进一步扩展与集中。在空间上,将主要表现在城乡面积的增长与扩展,即城乡扩展情景。因此,在当前城乡建设用地数据(城镇、农村居民点)的基础上,假设各建设用地类型以2002~2014年的年均扩展速率向周边地区(缓冲区)不断扩展,预测2025年的城乡扩展面积。其中,中心镇等级以上的城镇缓冲区为200m,一般乡镇及农村居民点的缓冲区为30m,即与当前城镇边界相邻200m范围内或一般乡镇和农村居民点周边30m范围内的其他土地利用类型全部转化为城乡建设用地。

(3)退耕保护情景

根据我国水土保持法的规定,25°以上陡坡地区应禁止开垦和耕种农作物,结合研究区内灾害防治与生态建设的需求,假设流域将继续实施退耕还林还草工程等生态恢复工程以及开展易地扶贫搬迁工程(计划在"十三五"时期完成,涉及搬迁人数约81 991人),同时对贫困或生态县乡区域加大扶贫力度、弱化GDP政绩考核、增加生态保护绩效指标,可能会出现一个生态保护情景,即地表植被得到一定程度的恢复,且生态风险源潜在危险度逐渐下降,区内生态环境明显改善。考虑到可操作性原则,本文主要从退耕的角度出发,制定一个退耕保护情景,即将研究区所有坡度在25°以上的农田全部退耕,半阴坡和阴坡的耕地全部还林,半阳坡和阳坡的耕地转变为草地、灌木+草地。

(4)流域优化情景

区域空间功能分区与管制已成为各国协调区域人口、经济和资源环境可持续发展、促进综合效益最大化的重要途径,从社会生态系统的视角对土地利用的多功能性进行标准价值表达是区域功能空间量化识别的核心所在。为响应甘肃省主体功能区规划的客观要求,即以"两江一水"(白龙江、白水江和西汉水)流域水土保持与生物多样性生态功能区为重点,构建长江上游生态屏障,同时协调流域经济与生态文明建设,假设研究区内各政府根据土地适宜性评价结果进行流域空间优化,必将出现流域优化情景。因此,下面从城乡建设适宜性、农业生产适宜性、生态环境适宜性及生态护岸带建设4个方面进行流域空间的优化评价。

1)城乡建设适宜性。一般而言,海拔较低、坡度平缓的区域建设投资成本较低,且利于城镇的有序扩展(牛叔文等,2014),此外,夜间灯光和人类活动强度可以较好地反映人口和交通的分布状况。因此,本书通过夜间灯光数据、人类活动强度修正地类建设可能性和地形适宜性,加权计算生活功能适宜性(表7-1)。

表 7-1 城乡建设适宜性因子分类及权重

适宜性因子	分类及相对可能（适宜）性						权重
地类建设可能性	建设用地	耕地	草地	林地	水域	未利用地	0.700
	0.600	0.300	0.060	0.030	0.007	0.003	
地形适宜性	<0.202	0.202~0.316	0.316~0.430	0.430~0.548	0.548~0.643	>0.643	0.300
	0.548	0.255	0.107	0.063	0.023	0.004	

注：地类建设可能性为 2010~2014 年各地类转移为建设用地的面积占建设用地总面积的比例；地形适宜性为 2010~2014 年各地形位区段的建设用地占建设用地总面积的年均比例。

2）农业生产适宜性。山区耕地对地形、土壤和气候等条件要求较高。地形方面：①坡度越大越不利于农业机械化和水土、养分的保持；②坡向决定作物生长的光温条件；③海拔影响降水和温度的再分配。土壤条件表现在土壤厚度和肥力等方面，而这些可以通过人工培土等措施改善。由于缺乏年积温数据，本研究并未考虑气候条件。此外，交通的便捷性和耕地的规模性也制约着农业生产的集约化（胡学东等，2016）。因此，本研究选取坡向、高程、坡度、土壤侵蚀强度、与道路距离和耕地规模 6 个指标，并采用层次分析法结合专家打分确定各指标权重（表 7-2）。

表 7-2 农业生产适宜性评价因子分级及权重

评价因子	适宜性赋值					获取方法	权重
	9	7	5	3	1		
坡向	平坡	阳坡	半阳坡	半阴坡	阴坡	DEM 提取后重分类	0.129
高程/m	≤1500	1500~2000	2000~2500	2500~3000	>3000		0.082
坡度/°	≤2	2~6	6~15	15~25	>25		0.291
土壤侵蚀强度	—	中度侵蚀	强烈侵蚀	极强烈侵蚀	剧烈侵蚀	InVEST 模型计算结果重分类	0.259
与道路距离/m	≤200	200~500	500~1000	1000~2000	>2000	道路缓冲区	0.087
耕地规模指数	≤0.274	0.274~0.767	0.767~1.581	1.581~2.350	>2.350	Natural Break 原则重分类	0.152

3）生态环境适宜性。甘肃白龙江流域是长江上游重要的水源涵养区和生态屏障，且在调节局部气候和改善大气质量方面也发挥着一定作用。为体现其生态特性，本研究在严禁各级自然保护区开发建设的同时，利用流域粮食价格、耕地紧缺度和

社会发展程度指数修订的价值当量（谢余初等，2017），计算2010~2014年各项生态系统服务价值，并依据生态系统服务价值重要度指数（吴健生等，2017）确定2014年产水（负指标）、土壤保持、碳储存和生境质量4项服务的权重，从而进行图层叠加，评价生态环境的适宜性。

4）生态护岸带建设。作为水陆交界处的生态脆弱带，河岸带极易受自然力（流水冲蚀等）和人为活动（沿岸农田耕作等）的干扰，致使水土流失严重。已有研究表明甘肃白龙江流域两河口至武都段，两岸耕地多，但植被差，泥石流多发，是河流泥沙的主要来源地带（陈学林等，2017）。而且，流域内各城区多数河岸为钢筋混凝土硬质护岸——虽然坚固、耐久，利于防洪，但其隔断了水陆生态系统的物质交换和能量循环，破坏了生物栖息环境，同时也使河岸带丧失滞洪补枯、水体净化等生态功能（梁开明等，2014）。为改善流域河岸带景观功能，本书简单地将河流沿岸15m缓冲区内的建设用地和耕地变为还林。

7.2.2 不同情景下甘肃白龙江流域生态系统服务模拟

根据上述不同情景的设置，对甘肃白龙江流域各生态系统服务进行模拟估算，结果如图7-4~图7-8。

自然发展情景下，甘肃白龙江流域食物生产服务价值略有下降，其平均值较2014年减少了8.02元/hm^2，最大值也有所下降，即高产区单位面积价值呈减弱趋势，但空间分布上仍集中于宕昌县岷江两岸、舟曲—武都段白龙江两岸及武都区北部。土壤保持服务变化微弱，而碳储存服务略有增长，为2.22t/hm^2，约增长1.01%。产水服务稍有增加，产水量平均值从330.58mm增至331.19mm。这些现象表明，自然发展下，食物生产服务价值与其他服务表现出权衡的关系。

城乡扩展情景下，碳储存服务和食物生产服务均呈减弱趋势，约分别减少0.45%和1.41%；土壤保持服务变化相对微弱，变化程度为0.02%；产水服务则有所增长，增加了0.71%。由此可见，在城乡扩张优先情景下，食物生产服务价值与碳储存服务表现出协同，与土壤保持服务和产水服务表现出权衡的态势，但与土壤保持服务的权衡较为轻微。

退耕保护情景下，食物生产服务价值明显减少，减少率达6.09%；土壤保持服务轻微增加，其增长率约为0.06%；碳储存服务相对增长明显，其增长率约为1.84%；产水服务略有增加，增长率为0.24%。表明退耕保护优先情景下，食物生产服务与其他生态系统服务均表现出权衡,而土壤保持服务、碳储存服务和产水服务之间则表现出协同。

流域优化情景下,各项生态系统服务变化不大。食物生产服务和产水服务微弱下降,变化程度分别为 0.15% 和 0.24%；土壤保持服务略有增强,增长率为 0.12%；碳储存服务相对增加较大,增长率为 0.95%。表明流域优化情景下,食物生产服务与土壤保持服务和碳储存服务呈现权衡,与产水服务呈现协同关系。

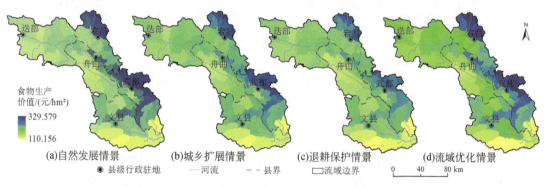

图 7-4 不同情景下甘肃白龙江流域食物供给空间分布格局

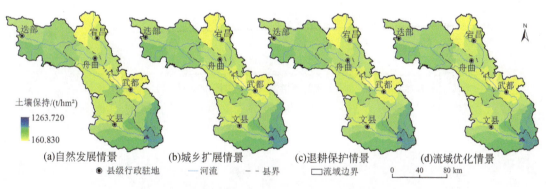

图 7-5 不同情景下白龙江流域土壤保持空间分布格局

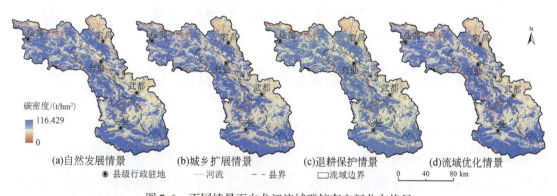

图 7-6 不同情景下白龙江流域碳储存空间分布格局

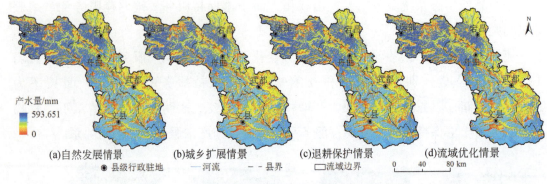

(a)自然发展情景　　(b)城乡扩展情景　　(c)退耕保护情景　　(d)流域优化情景

图 7-7　不同情景下白龙江流域产水量空间分布格局

综上可见，各种情景下食物生产服务均呈下降趋势，其中流域优化情景减弱较小；土壤保持服务均微弱增强，且流域优化情景相对增强较大；除城乡扩展情景外，碳储存服务均有明显增加；产水服务仅在流域优化情景下呈减弱趋势，表明其他情景均不利于流域水源涵养的提升。综合考虑甘肃白龙江流域土地利用现状和区内灾害发生状况，以保障当地人们生命财产安全、防治自然灾害、促进社会经济和环境的可持续和谐发展为目的，流域优化情景将更符合研究区当前的实际需求。

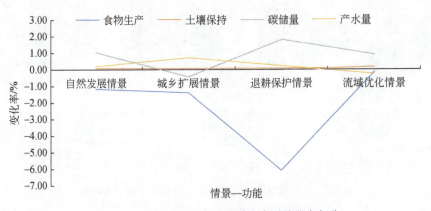

图 7-8　不同情景下白龙江流域生态系统服务权衡

7.2.3　甘肃白龙江流域生态系统服务管理建议

生态系统服务，最终的目的是能应用到实践中去，为区域生态系统服务管理和环境保护提供科学的决策依据和理论支持；其核心在于保障生态系统服务的可持续利用。也就是说，生态系统服务管理，是在充分考虑研究区生态系统服务供给与需求的基础上，结合生态系统服务的机理和利益相关者的需求，采取适当的管理措施，来调节和管理生态系统格局、过程和功能服务（郑华等，2013，李双成等，2014；Clarke et al.，2015）。

在认识和了解甘肃白龙江流域土地利用、生态风险源和生态系统服务时空变化特征的基础上，并充分考虑研究区为自然灾害频发的脆弱山区的特点，结合流域生态系统服务时空权衡状况，以保障人们生命财产、减少灾害风险，以及流域可持续发展为目标，提出相关的建议与措施，具体如下。

(1) 建立和扩大生态系统服务保护区

通过综合生态系统服务重要性分析发现，甘肃白龙江流域大部分区域均属于生态系统多重服务的高重要区，即多数地区均是能够提供三种以上（含三种）生态系统服务核心区。其次，流域内生态系统服务高重要区多集中在白水江自然保护区、武都区东南部地区、拦坝河中上游及博峪河上游区域、宕昌县南部迭山林区、迭部县大部分区域。这些区域主要是流域产水、碳储存、生物多样性和土壤保持等生态系统服务的热点区，且土地利用类型主要以森林为主。这些区域一旦受到破坏和扰动后，不仅深刻地影响着流域生态系统服务与生态安全，而且其恢复重建工作将异常困难。因此，建议继续加强自然保护区的管理与维护，如若可以，应该增加新的保护区，如插岗梁自然保护区。同时，加强林业的管护工作，重视和加强林—灌—草地的恢复，禁止砍伐林木，积极实施生态工程，恢复原生自然植被。

(2) 开展生态功能区划和加强环境灾害治理

流域内灾害频发区域，不仅是高生态风险区，而且是农田农产品生产供给的高产区。因此，建议对流域进行生态服务功能区划研究，并针对不同的功能区实施相应的管理措施与政策。例如，在滑坡、泥石流控制区应加大灾害监测、防治与预警研究工作，巩固和修建相关的工程防护措施，同时做好山区灾害宣传教育，提高人们的忧患意识和环境保护意识。在农业与水土保持区，优化配置土地利用，加强土地集约经营，按照农、林作物生态适宜性因地制宜，优先发展多年生的经济林果产业，如核桃、花椒、橄榄等，而对地表扰动较大的农作物（如糜子、玉米等粮食作物及蔬菜瓜果种植等）则不适宜大规模发展。

(3) 控制城乡扩张与重视林草恢复和流域空间优化

在城乡扩展情景下，甘肃白龙江流域农产品供给和碳储存服务减弱，而水源供给功能弱化，表明城乡面积的扩大威胁着流域内生态安全。在退耕保护情景下，农产品生产服务能力明显减弱，一定程度上影响到区域的粮食供给安全。流域空间优化后，食物供给虽有所减少，但经适宜性优化后的耕地规模化提高、农业生产风险降低，将促进农田单位面积产量不断提高；而且区内并非农产品主产区，随着物流与交通的不断发展，周边区域（如康县、成县）和外地的农产品供给增强。

参 考 文 献

白杨，郑华，庄长伟，等. 2013. 白洋淀流域生态系统服务评估及其调控. 生态学报, 33（3）：711-717.

陈爽. 2012. 基于 ArcGIS 的大辽河流域水生态系统功能区划研究. 青岛：中国海洋大学硕士学位论文.

陈学林，王学良，景宏. 2017. 60 年来白龙江流域水文特征变化分析. 水利规划与设计, 1（13）：1672-2469.

胡学东，王占岐，邹利林. 2016. 基于贝叶斯概率模型的鄂西北山地区耕地整治适宜性评价. 资源科学, 38（1）：83-92.

李双成，王珏，朱文博，等. 2014. 基于空间与区域视角的生态系统服务地理学框架. 地理学报, 69（11）：1628-1639.

梁开明，章家恩，赵本良，等. 2014. 河流生态护岸研究进展综述. 热带地理, 34（1）：116-122.

刘俊宏. 2013. 基于 CLUE-S 模型的南昌市土地利用变化情景模拟. 南昌：江西师范大学硕士学位论文.

孟兴民，陈冠，郭鹏，等. 2013. 白龙江流域滑坡泥石流灾害研究进展与展望. 海洋地质与第四纪地质, 33（4）：1-14.

宁娜. 2014. 白龙江流域不同尺度泥石流危险性评价技术研究. 兰州：兰州大学硕士学位论文.

牛叔文，李景满，李升红，等. 2014. 基于地形复杂度的建设用地适宜性评价——以甘肃省天水市为例. 资源科学, 36（10）：2092-2102.

齐识. 2014. 白龙江流域滑坡危险度评价技术研究. 兰州：兰州大学硕士学位论文.

师江澜. 2007. 江河源区环境地域分异规律与生态功能分区研究. 杨凌：西北农林科技大学博士学位论文.

吴锋，战金艳，邓祥征，等. 2009. 生态系统服务功能动态区划方法与应用. 地球信息科学学报, 11（4）：498-504.

吴健生，岳新欣，秦维. 2017. 基于生态系统服务价值重构的生态安全格局构建——以重庆两江新区为例. 地理研究, 36（3）：429-440.

伍光和，江存远. 1998. 甘肃省综合自然区划. 兰州：甘肃科学技术出版社.

谢余初，巩杰，齐姗姗，等. 2017. 甘肃白龙江流域生态系统粮食生产服务价值时空分异. 生态学报, 37（5）：1719-1728.

邢钊. 2012. 基于信息熵与 AHP 模型的白龙江流域泥石流危险性评价. 兰州：兰州大学硕士学位论文.

郑华，李屹峰，欧阳志云，等. 2013. 生态系统服务功能管理研究进展. 生态学报, 33（3）：702-710.

Clarke S J, Harlow J, Scott A, et al. 2015. Valuing the ecosystem service changes from catchment restoration: a practical example from upland England. Ecosystem Services, 15: 93-102.

McKenzie E, Rosenthal A, Girvetz E, et al. 2012. Developing Scenarios to Assess Ecosystem Service Tradeoffs: Guidance and Case Studies for InVEST Users. Washington D. C.: Word Wildlife Fund.

McNally C G, Emi U, Gold A J. 2011. The effect of a protected area on the tradeoffs between short-run and long-run benefits from mangrove ecosystems. Proceedings of the National Academy of Sciences of the United States of America, 108 (34): 13945-13950.

Palomo I, Martín-López B, Potschin M, et al. 2013. National Parks, buffer zones and surrounding lands: mapping ecosystem service flows. Ecosystem Service, 4: 104-116.

第 8 章　结论与展望

8.1　基本结论

本书以景观高度破碎、人类活动强烈与灾害频发的生态过渡带——甘肃白龙江流域为例,基于多源遥感影像与相关地理图件、野外调查与实验分析等,运用景观格局指数、改进后的生态系统服务价值系数法、InVEST 模型及地学空间分析方法,揭示了 1990~2014 年甘肃白龙江流域景观格局时空分异特征,开展了生态系统服务制图与时空变化、权衡与协同关系分析,探讨了景观破碎化与流域生态系统碳储存服务、土壤保持服务及产水服务的相关关系,进行了生态系统服务分区、情景模拟与管理对策研究,旨在为流域资源开发、生态建设与环境管理和可持续发展提供科学依据和参考,对类似区域的相关研究具有重要借鉴意义。本研究的基本结论如下。

8.1.1　流域景观格局时空变化

1990~2014 年,甘肃白龙江流域各景观类型及其变化速度表现出不同的特点。草地和未利用地面积持续加速减少,居民工矿用地面积持续增加,耕地面积先增后减,而林地和水域面积先减后增。流域景观类型变化以草地、耕地和林地的空间转换为主,景观类型转移特点随研究时段而变化。1990~2002 年,流域土地利用呈现耕地面积增加,林地和草地面积减少变化趋势;而在 2002~2014 年,流域景观类型呈现耕地面积大幅减少,林地面积增加明显变化趋势。这主要与大型生态建设工程的推进密切相关,如退耕还林还草工程、天然林保护工程、长江流域防护林体系建设、公益林工程建设等大型生态建设工程等。

研究期内,流域的景观类型变化速度大幅增加,反映出人类活动对景观类型变化的影响进一步加强。1990~2002 年的流域综合土地利用动态度为 10.24%,而 2002~2014 年其增长至 17.59%,与 1990~2002 年时段相比,增幅为 71.77%。流域各县区的综合土地利用动态度以不同程度增加,增加幅度由大到小依次为:文县>宕昌县>武都区>迭部县>舟曲县。

8.1.2 流域生态系统服务时空变化

1990~2014年,甘肃白龙江流域食物生产服务、土壤保持服务、碳储存服务和产水服务具有明显的空间分异特征。其中,流域生态系统食物生产功能总体上呈现增长趋势,但其空间分布格局变化不大,高产区主要集中在舟曲县城关镇至武都区汉王镇的白龙江两岸及其以北区域,宕昌县北部的岷江两岸地区,其次是文县。在行政区划上,各县区的农作物生产能力总体上也有所增长,武都区和宕昌县食物生产服务较大,文县次之,迭部县最低。

总的来说,流域土壤保持功能得到改善,土壤保持总量增加了3.5×10^7t,增长幅度为3.5%。从空间分布来看,流域土壤保持服务高值区主要分布在武都区东南部和文县东部(如让水河、大团鱼河流域等),冻列乡—卡坝乡段的白龙江上游两岸地区,这些区域多属于地表扰动较少的石质性山区或自然保护区。低值区域集中分布在人类活动相对频繁、工农业相对发达的舟曲—武都—文县段白龙江河谷沿岸地带。流域土壤保持强度时序变化表现为先减小后增大的趋势,土壤保持量的值域范围按时间序列依次为:1990年为226.983~1068.23t/hm^2、2002年为178.057~786.291t/hm^2、2014年为150.725~1369.17t/hm^2。与1990年相比,2014年甘肃白龙江流域生态系统土壤保持量高值区域在扩大,其增长区域主要是冻列乡—花园乡段的白龙江上游两岸地区;土壤保持量低值区域变化不大,集中分布在舟曲—武都段白龙江两岸及文县关家沟等地。

研究期内甘肃白龙江流域碳储量格局变化不大,总体呈先减小后增加的趋势。其碳储存功能较高的区域主要集中在人为活动少、适合于林木生长的山林区,如白水江南岸山区、博峪河和拦坝河上中游、迭部县至巴藏乡段白龙江两岸山区、宕昌县南部山地林区。从土地利用类型角度上看,流域碳储存功能高值区主要在林区,且以冷杉类常绿针叶林,栎类-硬阔类和针阔混交林中高山阔叶林等森林碳储量最大。不同地形因子中,甘肃白龙江流域碳储量随海拔梯度升高而增大,并在3500m以后出现下降趋势;碳储量主要集中在1500~3500m的海拔区段内,且峰值出现于2750~3000m海拔区段。在不同地形因子上,陡坡区域碳储量大于平坡区域,阴坡略大于阳坡。

研究发现，流域产水量呈现先增加后轻微减小的趋势，其分布格局变化不大。产水量较高的区域主要是白水江南岸山区、迭部县达拉、阿夏及多尔等林场、宕昌县南部山地林区。从植被景观类型上看，林地水源供给量最大（如冷杉类常绿针叶林、栎类-硬阔类中高山阔叶林等森林景观水源供给量相对较大）。不同地形因子中，甘肃白龙江流域产水量先随海拔升高而增大，至海拔 3500m 以上开始逐渐减少，其产水量主要集中在 1500~3500m 的海拔区段内；而≤1000m 的低海拔区域主要是以耕地为主；其次是山地灌丛，其水源涵养能力相对较弱；海拔>3500m 以上的区域产水量相对较小。流域产水量主要集中在 25°~35°的陡坡区域，阴坡的产水量略大于阳坡。

8.1.3 生态系统服务的空间聚集特征与权衡及协同分析

1990~2014 年，甘肃白龙江流域产水、碳储存、土壤保持和农作物生产这 4 种典型生态系统服务变化指数（ESCI）不同，其各自的 ESCI 值域表现出持平、两极分化和倍增等不同变化趋势；且空间分布各具特色：即在相同研究时段内，不同生态系统服务的 ECSI 分布格局不同；不同研究时段内，相同生态系统服务的 ESCI 分布不同。总的来说，流域产水、碳储存、土壤保持和农作物生产这 4 种生态系统服务呈现明显的聚集特征，其中产水服务和土壤保持服务的 Moran's I 先增后减，碳储存服务及农作物生产服务的 Moran's I 均呈增长趋势。局部呈现出差异化的聚集特征且空间分布格局变化明显，4 种典型生态系统服务的显著高高聚集单元及显著低低聚集单元数目均有增减变化，集中区域的分布范围或位置亦有变化。

流域的两种供给服务（即产水与农作物生产）呈负相关的权衡关系，两种调节服务（即碳储存及土壤保持）呈正相关的协同关系，且不同的供给和调节服务之间既有权衡关系也有协同关系，具体来看，产水与土壤保持、产水与碳储存和产水与农作物生产之间均呈较强的权衡协同关系，土壤保持、碳储存和农作物生产之间则均呈较弱的权衡关系。

空间格局上，生态系统服务间的权衡/协同关系异质性显著；数值关系上，产水-农作物生产、碳储存-产水、土壤保持-产水在 Moran's I 指数和相关性系数上表现一致，土壤保持-农作物生产、碳储存-农作物生产表现相反，碳储存-土壤保持表现均较为模糊，权衡/协同关系不明。

8.1.4 景观破碎化与生态系统服务的关系

通过 GeoDa 软件对 2014 年的流域各项生态系统服务评估量与景观格局指数进行全局空间自相关分析，结果表明，土壤保持服务和碳储存服务与景观破碎化呈现空间负相关；产水服务与景观破碎化无显著的空间关联关系。流域土壤保持服务与景观破碎化的显著空间关联关系主要表现在迭部县西北及北部、宕昌县北部、武都区中南部、文县南部及宕昌—舟曲—武都交汇地带，这些区域的景观破碎化程度将对土壤保持服务产生显著影响。流域碳储存服务与景观破碎化的显著空间关联关系主要表现在迭部县北部、宕昌县北部、武都区中南部及文县南部，同时土壤保持服务与景观破碎化的显著空间关联关系主要表现在迭部县西北及北部、宕昌县北部、武都区中南部、文县南部及宕昌—舟曲—武都交汇地。可见，流域碳储存服务、土壤保持服务与景观破碎化显著相关的区域基本一致，仅少数区域不同。这在一定程度上表明流域碳储存服务与土壤保持服务的空间分布特征具有相似性。

8.1.5 流域生态系统服务功能类型分区

根据生态系统服务类型的重要性、区位和主导产业等，甘肃白龙江流域可分为7个生态功能区，即岷宕山地农业生态功能区、白水江生态保育区、白龙江上游碳储存与生物多样性复合生态功能区、白龙江下游土壤保持功能区、白龙江河谷农业生态功能区、白龙江河谷滑坡泥石流重点防治生态功能区和白龙江流域水源供给生态功能区。

8.1.6 流域生态系统服务的时间权衡与模拟分析

以 2014 年甘肃白龙江流域生态系统服务结果为基线，在 2014 年土地利用类型及其他数据的基础上，开展自然发展、城乡扩展、退耕保护、流域优化 4 种土地利用和发展情境下流域生态系统服务时间权衡和模拟分析，研究发现：4 种情景下食物生产服务均呈下降趋势，其中流域优化情景减弱最小；而土壤保持服务均微弱增强，且流域优化情景相对增强较大；除城乡扩展情景外，碳储存服务均有明显增加；产水服务仅在流域优化情景下呈减弱趋势，表明其他情景均不利于流域水源涵养的提升。综合考虑甘肃白龙江流域土地利用现状和区内灾害发生状况,以保障当地人们生命财产安全、防治自然灾害,促进社会经济和环境和谐与可持续发展,流域优化情景将更符合研究区发展的实际需求。

8.2 展　望

甘肃白龙江流域是长江上游的水源涵养林区、水土保持重点防治区和重要生态屏障。但由于区域人口及社会经济发展的需要,流域内林业资源被过度开发利用,加上特殊的地貌地形条件及降水特征,区内水土流失严重,滑坡、泥石流等自然地质灾害频发,生态环境脆弱,人地关系极为紧张。如何调和生态环境保护与当地人们生产生活需要的矛盾显得尤为重要,充分认知流域生态环境状况、规范和合理人类活动、保育生态系统是规避山地灾害和可持续发展的必然路径。开展流域景观格局与生态系统服务时空变化研究,可为山区生态建设与人类活动管控提供科学建议和参考。

本研究分析了流域景观格局与生态系统服务及其时空变化特征,探讨了景观格局与生态系统服务的相关关系,提出了生态系统服务和人类活动管理建议。但由于生态系统自身的复杂性和不确定性,以及研究区基础数据匮乏等因素的影响,使得研究结果仍存在着一些不足,需要在后续的工作中进一步深入研究与改进。

1) 资料收集方面。第一,农作物供给功能的评估方面,农作物的统计种类只限粮食作物、棉花、油料和蔬菜,并没有药材、茶叶等统计数据。早些年份的乡镇统计资料多有缺失,无法收集齐全乡镇尺度的相关统计数据,因此评估结果只能精确到县域尺度,研究结果较为粗糙。第二,碳储量评估方面,本研究在评估碳储存功能时仅考虑了地上生物量和地下生物量,没有考虑死亡生物量(枯落物部分的碳储量)。受林业部门和当地政府政策的制约,不能获得实验数据,只能参考已有研究文献,借用相邻区域和相似研究区的相关数据,可能导致研究结果存在一定的误差。在未来的研究中应尽量开展野外观测和实验,获取精确的实验观测数据。

2) InVEST模型评估结果的不确定性分析。第一,该模型运算时需要大量的高精度观测及实验数据来支撑运行,但研究区自然环境复杂,相关监测点位很少,需要借助其他途径获得模拟数据。降水、气温、日照百分率等气象资料仅建立在县域尺度观测的基础上,只能通过空间插值的办法获取整个研究区的数据,可能会影响到最终评估结果的精准度。第二,评估过程中由于数据限制,个别参数(如植被覆盖与管理因子、根系深度、水土保持措施因子、各景观类型对各生态威胁因子的敏感度等）主要依据和参考已有文献资料、InVEST 模型数据库、经验公式及经验值获得，可能导致研究结果在数值上会有一定的误差。第三，因缺少实测数据，所以对模型的评估结果未能进行验证，只能根据已有研究成果和研究区的相关统计资料定性评估其估算结果的准确性。因此，在今后的研究中首先需提高气象数据等的插值精度，探究适合于气象站点少的区域的插值方法。其次，增加相应的气象、水文等方面的实验观测站点，同时政府部门可适当开放数据，以用于科学研究，提高科研结果的准确性。

3）生态系统服务类型应扩增。由于生态系统可提供多种服务，但因欠缺相关基础数据，本研究只分析了食物生产、土壤保持、碳储存、产水等服务；而对其他类型的服务功能，如气候调节、生物多样性保护、水源涵养、废物处理、水质净化、娱乐文化、原材料等服务考虑不够。今后应扩增生态系统服务类型，更全面地了解区域生态系统服务，才能更好地进行生态系统服务的权衡和管理。此外，基于多项生态系统服务的生态功能类型分区能够更精确、更详细地反映更多有关研究区域生态系统服务方面的信息，这也是今后需要努力和深入的方向。

4）人类活动、自然灾害与气候变化对生态系统服务的影响。当下，人类正在通过多种方式保护和管理生态系统，一系列恢复、维持或保育生态系统服务功能的相关措施相继开展，并取得了一定成效。但是流域生态系统自身固有的复杂性、流域内部各种信息流的运转机理、人类活动与自然因子叠加后对生态系统服务功能的驱动机制，如何有效调控人类活动对生态环境演化的方向和速率等科学问题仍然是非常复杂且值得探究的。

此外，自然灾害和气候变化也共同影响着区域生态系统结构与功能，进而影响着生态系统服务，但对这一主题的相关研究报道较少，亟待开展"流域生态系统服务—自然灾害综合防治—气候变化影响—人类活动管控与环境适应"方面的研究，进一步认知区域生态系统服务时空变化、自然灾害与生态系统服务、气候变化与生态系统服务等相互关系及影响。深入调查不同利益相关者的生态系统服务需求，进行多尺度生态系统服务的权衡与协同分析，提出生态系统服务与人类活动管控对策建议，最大限度地发挥生态系统服务效用，提高人类福祉。